本书由国家自然科学基金“高原湖泊流域山地农村磷污染定量源解析”(41761098)
和云南省一流学科(生态学)建设经费共同资助

云南省农村环境污染与特征分布

刘云根 王 妍 主 编

科 学 出 版 社
北 京

内容简介

农村环境污染问题已成为环境保护领域的研究热点。本书以云南省普者黑和阳宗海流域典型农村为研究对象，选择畜禽养殖型、生态休闲型、集镇型和传统型4种类型农村为典型研究案例，开展农村水环境、底泥的氮磷污染定量解析、迁移转化及潜在风险进行研究。研究成果不仅为系统揭示农村磷污染提供理论基础，也为推进山地农村污水生态海绵体净化提供科学依据，更为农村污水收集沟渠改造、处理工艺技术选择等提供技术支撑。

本书可供资源、环境、农业、林业、水利、生态等专业领域的高等院校师生、科研院所研究人员、政府部门管理人员和企事业单位技术人员阅读和使用。

图书在版编目(CIP)数据

云南省农村环境污染与特征分布 / 刘云根，王妍主编. —北京：科学出版社，2018.2

ISBN 978-7-03-056499-3

Ⅰ.①云… Ⅱ.①刘… ②王… Ⅲ.①农业环境污染-污染防治-研究-云南 Ⅳ.①X71

中国版本图书馆CIP数据核字（2018）第022692号

责任编辑：张 展 刘 琳 / 责任校对：江 茂
责任印制：罗 科 / 封面设计：墨创文化

科学出版社出版
北京东黄城根北街16号
邮政编码：100717
http://www.sciencep.com

成都锦瑞印刷有限责任公司印刷
科学出版社发行 各地新华书店经销

*

2018年2月第 一 版 开本：787×1092 1/16
2018年2月第一次印刷 印张：8.5
字数：220千字

定价：66.00元

（如有印装质量问题，我社负责调换）

《云南省农村环境污染与特征分布》编委会

主　编：刘云根　王　妍

副主编：侯　磊　杨桂英　梅涵一　杜鹏睿

前　言

习近平总书记考察云南时提出，希望云南努力成为“我国民族团结进步示范区”“生态文明建设排头兵”和“面向南亚东南亚辐射中心”的三个战略定位，并系统描绘了“望得见山、看得见水、记得住乡愁”的美丽乡村建设蓝图。农村生态环境保护工作既是关乎百姓“菜篮子”“米袋子”和“水缸子”安全的重大问题，是美丽宜居乡村建设的重要组成部分，又是推进云南生态文明建设排头兵的重大政治任务。目前，云南省已打造了一批生态环境保护成效明显、环境污染控制得当、民族文化传承浓厚和绿色产业发展良好的美丽宜居乡村。但因农村区域分布广、人口基数大、生态环境脆弱、污染总量大、环境风险高、经济发展落后等特点给农村生态环境治理工作带来极大挑战。

云南是一个以农业和农村为主体的省份，影响生态环境的基本力量是农业，影响生态环境的主体区域是农村。云南省有124 206个自然村、涉及近3000万人，占全省总人口60%以上。全省有94%的农村位于山区和半山区，其中超过60%的农村生态系统处于脆弱状态，28%的农村位于自然保护区、风景名胜区、森林公园和湿地公园等生态敏感区及九大高原湖泊、饮用水源地等重点水源保护区。受自然因素和人为活动双重影响，云南省有60%以上的农村生态系统处于脆弱状态，42%的农村区域面临水土流失、森林减少、农田污染、湿地退化、水资源短缺等生态环境问题，云南省农村生态环境表现出自然生态系统脆弱性高且呈退化趋势的趋势较为严重。另外，农村环境污染体排放量大且污染类型多样。据估算，云南省农村生活污水日产生量可达300余万立方米，垃圾日产生量约为2.2余万吨，大部分农村处于“污水靠蒸发、垃圾靠风刮”的现状，不仅严重制约农村社会经济发展，更对重要水源保护带来极大风险。同时，受日常生活、畜禽养殖、乡村旅游、农田种植等生产生活影响，农村环境污染具有污染成分复杂、污染环节多样、污染分布离散等特点，给防治工作带来极大难度，成为困扰云南农村环境质量的主要问题。加之近年来人为活动对农村生态环境影响的不断加剧，工业产业呈现出向农村延伸的趋势，乡村旅游也越来越受到城里人的青睐，城市污染向乡村转移的势态愈演愈烈，极大增加了农村环境污染风险；同时农田耕作的肥料、农药、地膜等使用量不断上升，亦给农村环境带来了严重的污染，过度的人为活动不仅给农村环境污染带来了新的增量，加大了农村环境污染治理的难度，更是农村土壤污染、水土流失和泥石流等自然生态灾害产生的重要诱因。

目前，云南农村环境污染问题已成为环境保护领域的研究热点，本书重点以农村环境污染中的水体和沟渠底泥污染为研究对象，以滇东南普者黑流域和滇中高原的阳宗海流域典型农村为研究区域，选择畜禽养殖型、生态休闲型、集镇型和传统型4种类型农村为研究案例，开展农村水环境、底泥的氮磷污染定量解析、迁移转化及潜在风险进行研究。研究成果不仅为系统揭示农村磷污染提供理论基础，也为推进山地农村污水生态海绵体净化提供科学依据，更为农村污水收集沟渠改造、处理工艺技术选择等提供技术支撑。

编　者

2018 年 1 月

目　　录

第一章　绪　　论

自党的十八大提出生态文明建设“五位一体”战略布局以来，美丽中国背景下的美丽乡村的建设正如火如荼地推进，形成了以乡村生态环境改善、农村乡土文化保护、乡村生活条件优化、乡村产业持续发展为目标的美丽乡村建设的“山水林田湖”体系，开展农村生态环境建设既符合国家战略又是现实急需。

农村环境是农村居民生活和发展的基础，随着我国经济社会的发展和农村城镇化进程的不断加快，农村环境污染问题日益突出，农村已成为继工业、城镇之后的第三大污染源，且绝大部分污染物由于直接排放进入下游江、河、湖泊和水库等水体，导致区域性水污染问题频发。农村环境污染与生态破坏不仅影响农民经济收入，更对农村“菜篮子”“米袋子”“水缸子”等功能的发挥产生严重影响。近年来，国家先后推出的社会主义新农村建设、农村环境综合整治、农村连片环境综合整治等政策都不同程度地关注到农村环境污染治理。

一、农村环境

环境是一个相对某个主体而言的客体，与主体相互依存，内容随主体的不同而不同。《中华人民共和国环境保护法》规定我国法定的环境为“影响人类生存和发展的各种天然的和经过人工改造的自然因素的总体，包括大气、水、海洋、土地、矿藏、森林、草原、野生生物、自然遗迹、人文遗迹、自然保护区、风景名胜区、城市和乡村等”。环境是一个非常复杂的体系，一般按照环境的主体、范围、要素以及人类对环境的利用或环境的功能等原则进行分类。我们通常所说的人类环境是由自然环境和社会环境组成。

自然环境是指人类目前赖以生存、生活和生产所必需的自然条件和自然资源的总和，即直接或间接影响到人类的一切自然形成的物质、能量和现象的总体。社会环境是指人类的社会制度等上层建筑条件，它是人类在长期生存发展的社会劳动中所形成的，是在自然环境的基础上，通过人类长期有意识的社会劳动，加工和改造过的自然物质，与所创造的物质生产体系及所积累的物质文化等构成的总和。

农村环境是指以农村居民为中心的乡村区域范围内各种天然的和人工改造的自然因素的总体，是在一定程度上受人类控制和影响的半自然环境。它包括该区域内的土地、大气、水、动植物、交通道路、设施、居民点等。农村环境保护是指对农业或农村环境资源的保护与管理活动。由于农村环境是农业环境的中心，所以加强农村环境保护是保护农村经济和社会持续、稳定和协调发展的需要，也是保证农村居民身体健康的需要，对提高农村环境质量与促进农村经济、社会和环境可持续发展均具有非常重要的作用及意义。

二、农村环境污染

近年来，我国经济社会快速发展，各方面都在稳步提升，在人们生活条件逐步改善的同时，环境问题也随之而来，其中农村环境污染是当前最突出的环境问题，受到社会各界的广泛关注。农村环境污染问题不但使“三农”问题的解决陷入僵局，严重影响和制约农业发展、农民增收和农村现代化的进程，还对农村人居环境和城市社会的发展产生了负面的影响，已成为我国社会主义新农村建设的重要制约因素。了解农村环境污染的来源、成因，正视我国当前的农村环境污染现状，是推动社会主义新农村建设的基础性工作。

农村环境污染主要是指村镇等农村聚居点的基础设施建设因缺乏规划和环境管理滞后造成的生活污染。按照污染的来源，可以分为外源型污染和内源型污染。外源型污染是指城市转嫁到农村的污染，主要包括污染源由城市迁移到农村和城市污水、垃圾转移到农村等。内源型污染是指农村居民在日常生产生活中产生的污染，主要包括农业生产造成的面源污染、乡镇企业和集约化养殖场造成的点源污染以及农民聚居点的生活污染。按污染产生的原因，可以分为农村生产带来的污染和农村生活污染。农村生产带来的污染又可分为农业生产带来的污染、农村地区工业化发展带来的污染以及交通污染。农业生产带来的污染，主要包括各种农业机械设施在农业生产过程中的使用带来的污染，化肥、农药、地膜的不合理使用对土壤结构和农村自然生态系统带来的破坏，以及焚烧秸秆造成的环境污染，集约化畜禽养殖蓬勃发展所带来的大量畜禽粪便对水体、空气的污染，新兴的温室农业产生的塑料等废弃物对环境的污染等。农村地区工业化发展带来的污染主要是指对矿物资源进行开发、工业“三废”排放带来的污染等。交通污染，主要是指交通工具所排放的废气所产生的污染。农村生活污染，主要是指在小城镇和农村聚居点由于环境基础设施的缺失，大量的生活垃圾露天堆放，其渗滤液、病毒细菌等直接对地表水、地下水和周围环境产生的污染，还包括大量生活污水直接排入田间、河流或者湖泊，对农村的生产和生活环境产生的严重污染。在一些农村地区，由于乡村旅游的兴起，在乡村旅游资源开发、项目建设以及乡村旅游经营、利用过程中也会造成环境污染。

农村环境作为城市生态系统的支持者，一直是城市污染的消纳所。以往由于工业化程度低、人口密度小、环境容量较为充裕，农村环境污染问题没有得到相应的重视。但随着我国农业现代化进程的加快，农村污染已经从点污染开始向面污染发展，甚至随着时空的迁移，通过转化、交叉和镶嵌等过程，形成污染循环。而农村生态环境与农业发展、农民的生活质量休戚相关，农村生态环境的每一个变化都影响着农业经济系统的运行。在资源有限的前提下，农业经济发展与农村生态环境保护在短期内存在矛盾，但是从长期来看，两者是相互促进的，农村生态环境的改善有助于农业的可持续发展，而农业的发展则可以为农村生态环境治理与保护提供更多的资金和技术。为此，面对世界范围农村迅速发展的趋势，我国农村如何实现可持续发展、构建农村环保生态系统、实现生态跃迁已经到了必须重视和解决的时候。

农村，本应是最接近原生态、环境最好的地方，但在农业社会向工业社会的转变过程中，由于农村的产业结构、农民的居住方式都发生了根本性的改变，使农村的生产生活都具备了现代工业的污染特征，这就使得农村的环境出了“问题”，产生各种污染。目前，农村环境污染已成为下游湖泊富营养化的主要诱因、饮用水源安全的潜在风险、黑臭水体的重要来源。据国家环保总局的数据，我国农村每年产生的生活垃圾量2.8亿多吨，大部分垃圾随意堆置或倾倒进河湖或沟渠，致使蚊蝇滋生、臭气弥漫。农村年生活污水排放量90多亿吨，具有有机物浓度偏高、日变化系数大、间歇排放的特点，造成了农村生产生活的水体严重污染。据卫生部的数据，目前我国农村人口的人粪尿年产生量为2.6亿吨，无害化卫生厕所的普及率仅为32.31%，即有1.8亿多吨未能进行无害化处理。我国农村有96%的村庄没有排水渠道和污水处理系统，仍有15%的农民只能使用非常简陋的厕所，有的甚至无厕所可上。我国现有高达5亿的蛔虫患者，其中绝大多数是农村人口。这些问题导致我国农村目前普遍存在着“污水乱泼、垃圾乱倒、粪土乱堆、柴草乱垛、畜禽乱跑”的现象，而“室内现代化，室外脏乱差”现状则是我国一些富裕地区农村生活环境的真实写照。

一般来说，农村环境污染是多方面原因造成的，是多因一果的产物。有的是不合理的现代化农业生产造成的，比如农药、化肥、地膜以及农业机械设施等的使用；有的是不合理的农村工业发展造成的，比如在农村地区开办的造纸、食品加工、印染、化学、制药等工业，以及各类矿采工业；有的是由于农村卫生习惯的落后，农民生产生活习惯不科学、随意而引起的；有的是来自城市污染向农村的转移，一些城市工厂或者企业临近农村，将大量工业废水、废气和固体废弃物排向农村；等等。

人们谈论农村环境污染时，常常按照环境属性，又将环境污染区分为大气污染、水污染和土壤污染。

1. 农村大气污染

大气污染，是指大气中的污染物或由它转化成的二次污染物的浓度达到了有害程度的现象。1930年12月的比利时马斯河谷重工业区的烟雾事件，1948年10月的美国多诺拉镇的烟雾事件，1952年12月的英国伦敦的烟雾事件等，就是典型的大气污染事例。现在，大气污染已经成为影响世界各国的一个重大环境问题。大气污染不仅会损害人体健康，还会对生态系统产生不良影响，引起诸如酸雨、臭氧层破坏、全球气候变化等各种全球环境问题。

大气污染物的种类有很多，其物理和化学性质复杂，毒性也不相同，其主要来源是矿物燃料的燃烧、工业生产以及军事试验。主要包括二氧化硫、氮氧化物、碳氧化物、碳氢化合物，以及各种烟尘、各种粉尘等颗粒物，还有大气层核试验的放射性降落物、火山喷发的火山灰，等等。悬浮颗粒物是大气中最常见的污染物。氮氧化物（NO_x）主要包括一氧化氮和二氧化氮，人为排放以工业生产和汽车排放的最多。

农村大气污染，从来源上来说，有自然的原因，也有人为的原因。自然的原因主要有自然风尘、火山爆发以及森林火灾等。人为的原因主要包括为取暖、生活用煤炭以及秸秆作为燃料和农药、化肥的使用等。在这里，我们主要讨论的是人为的原因。而人为的原因中，又主要是煤炭及秸秆燃烧所产生的污染。

2. 农村水污染

水污染，是指水体因某种物质的介入而导致其化学、物理、生物或者放射性等方面特征的改变，从而影响水的有效利用，危害人体健康或者破坏生态环境，造成水质恶化的现象。水污染，对人类的生产生活危害极大，最初主要是自然因素造成的。比如地面水渗漏和地下水流动，将地层中某些矿物质溶解，造成水中的盐分、微量元素或放射性物质浓度偏高而使水质恶化。现在，水污染主要是人类活动产生的污染物造成的，它包括工业污染源、农业污染源和生活污染源三大部分。

工业废水是农村水体的重要污染源，具有量大、面积广、成分复杂、毒性大、不易净化、难处理等特点。在广大的农村地区，农村工业以及采矿业发展所排放的废水，是造成农村水污染的一个重要的甚至是主要的污染源。农业污染源包括牲畜粪便、农药、化肥等。其中，随着现代农业的发展，农药、化肥的大量使用，除少部分附着或被吸收外，绝大部分残留在土壤和漂浮在大气中，通过降雨，经过地表径流的冲刷进入地表水或渗入地下水形成污染。生活污染源主要是农村居民生活中使用的各种洗涤剂和污水、垃圾、粪便等。

3. 农村土壤污染

由人为活动产生的污染物进入土壤并积累到一定程度，引起土壤质量恶化，进而造成农作物中某些指标超过国家标准的现象，称为土壤污染。污染物进入土壤的途径是多样的。废气中含有的污染物质，特别是颗粒物，在重力作用下沉降到地面进入土壤；废水中携带大量污染物进入土壤；固体废物中的污染物直接进入土壤或其渗出液进入土壤。其中最主要的是污水灌溉带来的土壤污染。农药、化肥的大量施用，造成土壤有机质含量下降，土壤板结，也是土壤污染的来源之一。随着农业现代化，特别是农业化学化水平提高，大量化学肥料及农药散落到环境中，土壤遭受非点源污染的机会越来越多，其程度也越来越严重。土壤污染除导致土壤质量下降、农作物产量和品质下降外，更为严重的是土壤对污染物具有富集作用，一些毒性大的污染物，如汞、镉等富集到作物果实中，人或牲畜食用后就会发生中毒。如我国辽宁沈阳张士灌区由于长期引用工业废水灌溉，导致土壤和稻米中重金属镉含量超标，稻米不能食用，土壤不能再作为耕地，只能改为他用。此外，排泄物和生物残体如不进行物理和生化处理，其中的寄生虫、病原菌和病毒等就会引起土壤和水体污染，并通过水合农作物危害人类健康。各种大气沉降物，如大气中的二氧化硫、氮氧化物和颗粒物等，通过沉降和随降水落到地面，可造成酸雨，引起土壤酸化、土壤盐基饱和度降低，等等。

第二章　农村生态环境突出问题及治理历程

第一节　我国农村生态环境现状

一、农村生态环境现状

生态环境是指影响人类生存与发展的水资源、土地资源、生物资源以及气候资源数量与质量的总称，是关系到社会和经济持续发展的复合生态系统。生态环境问题是指人类为其自身生存和发展，在利用和改造自然的过程中，对自然环境破坏和污染所产生的危害人类生存的各种负反馈效应。生态环境是人类赖以生存和发展的基本条件，是农业生产和农村经济快速发展的基础条件。

长期以来，我国农村经济的不断发展、农业综合开发和乡镇工业企业规模的不断壮大，使农村本来就短缺的资源和脆弱的生态环境面临着前所未有的压力。当前，我国政府在环境保护方面做出了巨大的贡献，比如加强环保法制、提升村民环保意识、重视清洁生产等，促使整体农业经济在保持稳定增长的同时，环境污染防治也同步前行。然而，我国农村生态环境还是面临着相当严峻的污染问题，饮用水源污染、水土流失与土地荒漠化、森林和草地功能退化、黑臭水体的形成、水体富营养化等一系列环境问题日益突出。因此，如何保护人口众多的农村环境越来越成为环境保护工作中的一个焦点，更是政府部门关注的热点问题。目前我国农村存在的生态环境突出问题如下。

1. 农业资源日趋减少和退化

农业资源在日趋减少和退化，主要原因是：①工业化、城镇化进程使耕地面积减少。自1998年以来，工业化、城镇化以及其他各种原因的非农业使用土地使耕地面积大幅度减少，年均减少超过66.7万公顷，部分沿海省(直辖市)的人均耕地面积已经低于联合国粮食及农业组织提出的0.8亩(1亩=1/15公顷)警戒线。②环境污染造成耕地面积减少。我国酸雨面积已占国土面积的40%以上；重金属污染面积至少有2000万公顷；农药污染面积为1300万～1600万公顷；我国因固体废物堆放而被占用和毁损的农田面积达到13.3万公顷。③农田退化。我国目前土地质量差、退化严重的区域也就是我国生态环境恶化严重的区域，我国农田退化面积占农田总面积的20%。

2. 水土流失日趋严重

由于森林、草地被严重破坏，水域、湿地的不适当开垦，我国目前水土流失面积达到3.67亿公顷，占国土总面积的38%，而且还在以每年100万公顷的速度递增。全国每年因水土流失而损失的土壤为50亿吨，带走的氮、磷、钾营养元素超过了全国年产化肥的总量；因水土流失而毁掉的耕地面积达到27亿公顷，年均损失约600公顷。我国水土流失的特点是流失面积大、波及范围广、发展速度快、侵蚀模数高、泥沙流失量大、危害严重。

3. 草原退化、土地荒漠化加速发展

由于持续干旱和超载放牧，加之水利建设长期滞后等，我国草原退化、沙化严重。全国牧区饲草料灌溉面积仅占可利用草原面积的0.4%，与20世纪80年代初相比，天然草原载畜能力下降了约30%，而载畜量却增加了46%。目前全国牧区2.248亿公顷，可利用草原近90%出现不同程度的退化、沙化。一些生态严重恶化的地区，河流断流、湖泊干涸、湿地萎缩、绿洲消失，生物多样性减少，有的地方丧失了人类居住的基本条件。近5年来，牧区已有26万人不得不搬迁移居。同时，我国土地荒漠化正在加速发展。全国荒漠化面积26220万公顷，占国土总面积的27.3%。目前沙漠化土地以每年24.6万公顷的速度增长，造成的草场退化面积达84.188亿公顷，耕地退化面积达2.838亿公顷，造成了巨大的经济损失和严重的生态后果。

4. 淡水资源严重紧缺

我国是世界公认的贫水国。目前农村水资源的特点是：①严重缺水，全国农田平均受旱面积由20世纪70年代的170亿公顷，增加到1997年的500亿公顷。每年因缺水造成的粮食减产750亿～1000亿千克；每年有1400亿公顷草场缺水；有约8000万农村人口和4000多万头牲畜饮水困难。②水利用效率低，水资源浪费严重。目前我国农业灌溉水的利用系数仅为0.3～0.4，水的粮食生产效率为$0.8kg \cdot m^{-3}$，不及发达国家的一半。③开采利用不合理，加上河流的上、下游用水缺乏科学规划和统筹调度。近年来，在缺水地区争水、断流的情况经常发生，导致环境退化严重、旱化加剧、生物多样性受损。对地下水的掠夺性开采，引起了一系列的生态退化问题。

5. 内源性环境污染带来的生态问题

农药、化肥、农膜、兽药、粪便及秸秆引起的污染为内源性环境污染。农村经济的发展，使这些内源性污染物的使用量大大增加，已对农村环境造成了严重的面源污染，许多河道发黑，河岸杂草丛生，垃圾成堆；不少农田土壤层有害元素含量超标、板结硬化。农村水环境的恶化不仅危及农民的身体健康，也影响了农产品的安全。许多乡村，特别是乡镇企业发达地区和开发项目比较多的地区，很难找到“一块净土”“一方净水”。现在很多地方大力开展农村旅游业，从某种程度上来说，农村旅游业推动了农村经济的发展，增加了当地人民的人均收入，提高了当地人民的生活水平，但同时也给环境带来了严重的污染。要发展旅游业，首先就要解决交通、餐饮、住宿、娱乐、购物等方面的问题，但环境污染也随之产生，比如对大气的影响、对水体环境的影响、噪声污染、对动植物的破坏和干扰、对景观环境的破坏等方面。

6. 人口增长给生态环境带来的压力

人口增长始终是我国农村环境改善和农村经济发展的一大制约因素。我国的许多生态问题、环境问题，无不与人口重负这个问题直接相关。例如，在生态环境十分脆弱的贵州，人口增长过快，毁林毁草开荒严重；有的地区将地平35°以上的陡坡加以开垦，造成水土流失、水灾、旱灾越来越严重；在素有“北大荒”之称的三江平原，为解决人口增长过快对粮食的需求，经过45年的大面积开发，垦殖率已由1949年的7.22%增至2004年的18.21%，但是森林覆盖率也由1949年的30.41%下降到2004年的18.21%，湿地面积减少386万公顷之多。滥垦乱伐的结果使得该地区的生物、淡水、土地等资源衰退，生态环境恶化。农村生态环境的保护，是关系农村经济和社会发展的大事，不仅直接影响当代人民的生活环境，而且还将影响子孙后代的健康。因此农村生态环境的保护应该成为发展社会主义新农村建设的战略重点。

二、农村环境污染现状

农村环境是指以农村居民为中心的乡村区域范围内各种天然和人工改造而成的自然因素的总和。其包含的内容有土地、水体、大气、动植物、道路、建筑物等。随着我国现代化进程速度加快，在城市环境日益改善的同时，农村环境污染问题日益突出。尤其是工业化和城镇化程度较高的东部发达地区，农村环境质量下降与经济社会的高速发展形成了强烈的反差。而西部较落后地区的农村，由于各方面因素落后，造成环境问题得不到重视，同样面临巨大的防治压力。农村环境污染问题对农村社会发展的阻碍和农民日常生活的影响将日趋明显。

根据污染物产生来源和性质，可将农村环境污染分为点源污染、面源污染和生活污染三类。点源污染是指由于乡镇企业和集约化畜禽养殖场等布局不当、治理不够而产生企业与养殖场周围的工业污染和畜禽粪便污染；面源污染是指在现代农业生产中使用化肥、农药、地膜等造成的各类污染；生活污染是指由小城镇和农村聚居点的基础设施建设和环境管理滞后而产生的各种生活垃圾与污水。

1. 我国农村的点源污染

乡镇企业和集约化养殖场由于布局不当、污染治理不够导致的污染，是农村环境污染中对农村人群健康危害最直接的污染。农村工业化是中国改革开放30多年经济增长的主要推动力，在东部发达地区尤为明显。这种工业化实际上是一种以低技术含量的粗放经营为特征、以牺牲环境为代价的反集聚效应的工业化，这不仅增加了污染治理的难度，还加剧了污染带来的危害性。目前，我国乡镇企业废水COD和固体废弃物等主要污染物排放量日益增高，而乡镇企业布局不合理，无任务处理率也显著低于工业污染物平均处理率。与乡镇企业污染类似的，是近年来集约化畜禽养殖带来的污染。在人口密集区，尤其是经济发达地区，居民消费能力强，农牧业发展空间显著减少，集约化的养殖场迅速发展起来。对环境影响较大的大中型集约化养殖场大部分集中在东部沿海地区和大城市周围。由于这些地区可供利用的环境容量小，加之其规模没有得到有效控制，养殖业规模还在不断发展，一些地区养殖总量已经超过了当地土地负荷的最高限制，养殖业的不合理布局也严重破坏了农村和城镇居民的生活环境。大多数养殖场畜禽粪便、污水的储运和处理能力不足，且没有污水防治设施，大量畜禽粪便未经处理直接排入周边水体，加速了区域水体富营养化的污染趋势，并危及地下水源和流域水环境。除此之外，畜禽粪便中所含的病原体对人体健康的危害也极其严重。

2. **我国农村的面源污染**

某些现代化农业生产手段的过度使用所带来的污染是目前对农村环境影响最大的因素。我国人多地少，土地资源开发已经接近极限。多年来，人口数量的增加，对于农产品的需求量不断增加，只有通过化肥、农药的大量使用来提高粮食、蔬菜等的单产量。加之改革开放以后，农村经济逐步发展起来，化肥、农药、地膜等的使用量随着果蔬产业的迅猛发展而大幅度增加，使得我国成为世界上使用化肥、农药数量最大的国家。农药、化肥及地膜等的大量采用，对自然环境造成严重污染，敲响了生态灾难的警钟。

目前，我国农村的施肥结构普遍不合理，导致农药的生物利用率低，流失率高，流失的农药大部分进入水体、土壤中，使自然环境受到不同程度的污染。农药污染严重破坏了生态平衡，威胁生物多样性。此外，还有一些污染是农业现代化导致的衍生污染。例如，由于化肥的普及以及燃料结构的调整，农民通常将秸秆一烧了之，不仅使其变宝为废，还产生大量的温室气体，由此产生的空气污染不仅影响农村环境，也对城市环境造成了很大危害。总之，现代农业生产方式导致的污染影响面大，且易于通过水、大气、食品等媒介影响到城市人口，因此可视为影响最大的农村环境污染。

3. **小城镇和农村聚居点的生活污染**

村镇等农村聚居点因缺乏合理规划和环境管理滞后造成的生活污染，是目前农村环境污染中最敏感、最直观的污染。随着现代化进程的加快，农村聚居点规模迅速扩大。但在“新镇、新村、新房”的建设中，规划和配套基础设施建设未能跟上。环境规划缺位或规划之间不协调，只重视编制城镇总体建设规划，忽视了与土地、环境、产业发展等规划的有机联系。由于缺少规划，城镇和农村聚居点或习惯性地沿公路带状发展，或与工业区混杂。小城镇和农村聚居点的生活污染物则因基础设施和管理制度的缺失，一般直接排入周边环境中，造成严重的“脏乱差”现象。例如，大多数村镇没有无害化垃圾填埋场，生活垃圾被随意抛弃在河塘或低洼地，不仅影响城镇卫生，也造成河流淤积，污染水体，使农村聚居点周围的环境质量严重恶化。据 2005 年对全国 74 个行政村的抽样调查，96％的村庄没有排水沟和污水处理系统，89％的村庄将垃圾堆放在房前屋后、坑边路旁，甚至水源地、泄洪道、村内外池塘，无人负责垃圾收集与处理。此外，农村医疗垃圾污染也很严重，绝大部分城镇的生活污水未经处理而直接排入河道，成为农村内河水污染的主要来源。

综上所述，农村生态环境问题种类繁多、分布面广、治理难度大，已不是农民自己能解决的问题，如不及早重视、防范和治理，将会造成比现在城市生态环境更复杂、更有害、更难治理的被动局面。各级政府和职能部门应将加强农村生态环境的保护摆上议事日程的重要位置，制定政策，研究措施，落实目标责任等。

第二节　云南农村生态环境突出问题

一、云南省农村生态环境现状

云南是一个以农业和农村为主体的省份，影响生态环境的基本力量是农业，影响生态环境的主体区域是农村。云南省有124 206个自然村，涉及近3000万人，占全省总人口60%以上。全省有94%的农村位于山区和半山区，其中，有超过60%的农村生态系统处于脆弱状态；有28%的农村位于自然保护区、风景名胜区、森林公园、湿地公园等生态敏感区及九大高原湖泊、饮用水源地等重点水源保护区。云南省农村生态环境保护面临如下三个方面的问题亟待解决。

1. 农村区域生态系统脆弱性高且呈退化趋势

受自然因素和人为活动双重影响，云南省有60%以上的农村生态系统处于脆弱状态，42%的农村区域面临水土流失、森林减少、农田污染、湿地退化、水资源短缺等生态环境问题，严重影响了农村百姓的生活环境并极大制约了农村可持续发展。近年来，各级政府加大了封山育林、水土保持、石漠化治理、矿区植被恢复、湿地保护等治理与恢复力度，农村生态环境恶化得到初步遏制。但云南农村生态环境依然脆弱，区域性旱季生态缺水、雨季洪水翻滚、晴天尘土飞扬、雨天泥沙漫村等乱象频发，严重威胁着农村百姓的生命、财产安全。

2. 农村环境污染体排放量大且污染类型多样

云南省农村环境污染具有区域分布广、排放总量大、环境风险高、污染成分杂等特点，据估算，云南省农村生活污水日产生量可达300余万立方米，垃圾日产生量约为2.2余万吨。目前，云南绝大部分农村处于“污水靠蒸发、垃圾靠风刮”的现状，不仅严重制约农村社会经济发展，更对重要水源保护带来极大挑战。同时，受日常生活、畜禽养殖、乡村旅游、农田种植等生产生活影响，农村环境污染具有污染成分复杂、污染环节多样、污染分布离散等特点，给防治工作带来极大难度，成为困扰云南省农村环境质量的主要问题。

3. 人为活动对农村生态环境的影响不断加剧

随着社会经济的不断发展，工业产业呈现出向农村延伸的趋势，乡村旅游也越来越受到城里人的青睐，城市污染向乡村转移的势态越演越烈，极大地增加了农村环境污染风险；同时，农田耕作的肥料、农药、地膜等使用量不断上升，亦给农村环境带来了严重的污染；此外，无序伐木、放牧、开荒等行为使得农村生态环境越发脆弱。过度的人为活动不仅给农村环境污染带来了新的增量，加大了农村环境污染治理的难度，更是农村土壤污染、土地退化、水土流失、泥石流等自然生态灾害产生的重要诱因。

二、云南农村环境污染现状

云南省16个州(市)129个县(市、区)的124 206个自然村分布广泛，近90%的农村位于山区和半山区。不同农村，其基础条件、经济水平、环境状况、生产生活行为等不一，导致不同农村污染类型、污染特征、污染程度、环境风险等方面差异明显，主要存在如下几个方面的特点。

1. 农村污水现状不明，产排放规律不清

农村污水产生量及污染物初始浓度受常年居住人口(受大量劳动力外出打工影响，常年居住人口波动较大)、生活习惯、季节变化、生产生活等因素影响，导致农村污水量及污染浓度差异较大，产生和排放规律性差。前期实施的农村污水处理项目大多未充分掌握农村污水特点，使得建成的污水处理设施处理效率差，运行稳定性低，未达到有效处理农村污水的目标。

2. 农村生活垃圾现状不明，污染物成分不清

农村生活垃圾产生量受常年居住人口、生活习惯、民族风情、生产生活等因素影响，使得农村垃圾产生量和污染成分波动较大。前期实施的部分农村垃圾处理和处置项目未有效考虑垃圾成分，导致垃圾处理效率和资源化利用率较低、浪费严重、潜在污染风险高，未体现废物资源化利用理念。

3. 农村畜禽粪便现状不明，资源化利用程度不清

农村畜禽粪便受畜禽种类、散养数量、畜禽出栏周期等因素影响，使得农村畜禽粪便产生量季节性波动较大，而目前，农村畜禽粪便的处理大多采用季节性还田利用，导致农村畜禽粪便在非农耕施肥期堆积严重，污染风险高，是农村环境污染的主要贡献类型。

4. 农村饮用水安全现状不明，安全风险不清

环保部和水利部数据显示，目前，我国农村饮用水达标率不超过30%，大多取自面山汇水和地下水，然而，由于缺乏规范性、系统性的保障措施，农村饮水安全不容乐观，区域性农村饮水污染事件时有发生，严重危害老百姓的身心健康。

5. 农村及农业面源污染产生现状不明，污染风险不清

农村及农业面源污染受降雨地表径流、农田施肥、农田耕作等影响，使得其污染特征不明、规律不清；同时，农村及农业面源污染来源多样、形成过程复杂、污染隐蔽性较强，导致对其关注度不够、重视度不高。然而，农村及农业面源污染已逐渐变成区域性污染的主要诱因。

三、云南农村生态环境治理现状

1. 污染治理率低、区域环境风险高

截至 2015 年底，在云南省的124 206个自然村中，仅有九大高原湖泊、饮用水源地等区域部分实施了农村环境综合整治、新农村建设、生态村建设等项目，涉及村落数量不超过10 000个，覆盖率不超过 10%。相关项目的实施建设了一批农村污水、垃圾、畜禽粪便等处理设施。然而，在庞大的农村数量下，已实施的村落不可能系统解决农村污染控制问题，绝大部分农村依然处于“污水乱排、垃圾乱堆、畜禽粪便乱放”的“三乱”状态，极大地影响了农村村容村貌，给农村带来了极大的区域性污染风险。由此可见，云南农村污染控制依然面临极大挑战。

2. 污染治理技术适应性差，缺乏行业规范技术

在有关部门实施的不超过 10000 个农村污水、垃圾、畜禽粪便处理工程项目中，部分处理设施由于工艺选择不当、所选技术农村适应性差等，导致相关设施的处理效率低、污染未得到有效控制、环境收益低。据不完全统计，云南省已实施的农村污染控制项目的实施效果总体情况较差，普遍存在着农村污水处理设施运行率低、达标率不高(维持正常运行的农村污水处理设施不超过 20%，正常运行的污水处理设施达标率不超过 50%)，农村垃圾处理和处置设施的运行率 30%，农村畜禽粪便处理设施正常运行率不超过 20%。纵观云南省农村实施的相关污染控制项目，运行不正常的原因有多方面，然而，缺乏针对性、系统性的农村污水、垃圾、畜禽粪便处理标准技术规范是其中的重要瓶颈性难题。

3. 农村生态系统破坏严重，生态环境亟待改善

美丽乡村的建设是新时期生态文明建设的宏伟目标，其承载着全国 7 亿多农村人口的生计及和谐社会构建，云南省有近 60%的人口分布在农村，且云南是典型的多民族省份，生态环境堪称美丽乡村建设的重要基石。然而，云南大部分农村受特殊的地质地貌、不可控制的自然灾害、传统生产生活方式等影响，使得区域性农村生态系统破坏严重，部分地区农村生态环境差，严重影响了老百姓的生活质量和居住安全，也极大地延缓了美丽乡村建设步伐。

4. 污染控制缺乏系统管理，老百姓环保意识差

农村老百姓环保意识差、相关污染控制设施缺乏系统管理成为有效推进云南农村污染控制的另一大难题。工程实施及运行管理过程中的“三分建、七分管”特征决定了强化管理是保障设施正常运行的重要命脉。然而，云南农村建设的污染控制设施缺乏有效的管理模式、运行经费、管理人员等，使得相关污染控制设施面临人为破坏、设备毁坏严重、设施运行缺乏系统保障等方面的问题。相关村落未形成农村环保的公众参与、人

人监督、大家维护、共同管理的综合环境保护理念和管理模式。

尽管在部分村落进行了包括村民自主管理、政府监督管理、市场化企业运营管理等管理模式的探索，但未达到形成成熟的农村环境保护管理模式推广应用，惠及百姓的目标。因此，探索合理化农村环境保护管理模式依然是今后相当长的一段时期内解决农村环境污染问题的一项重要课题。

5. 农村环保工作缺乏顶层设计，相关控制措施衔接性差

在已实施的云南农村环保项目的村落中，大多呈现出多部门推进、多渠道资金支持、全面开花的“繁荣景象”。然而，不同部门在实施与农村环境保护相关项目的过程中存在工程衔接性差，多次开挖、多次建设的现象明显。在开展农村环保过程中缺乏系统设计、统筹考虑、综合推进、科学衔接的理念，使得农村项目实施的整体性差，实施效果不理想。

广泛调查研究发现，云南省农村环境保护工作缺乏顶层设计的指导思想，应结合农村实际、充分考虑农村发展、村容村貌改善、农村污染控制、农村生态环境保护等方面的统筹发展模式，进行顶层设计，避免项目实施的资金浪费、保障工程实施的有效性和实效性。

6. 农村环保监督性差，美丽乡村建设缺乏考核指标体系约束

目前，云南农村环保工作存在重建设、轻管理现象严重，总体表现为项目验收考核性差、项目运行管理监督性差的特点，无法满足美丽乡村建设的要求。2003 年环保部印发《生态县、生态市、生态省建设指标(试行)》的通知，规定了生态县、生态市、生态省的建设考核指标，但未涉及生态村建设指标，且该通知于 2010 年 12 月正式废除；2006 年环保部印发《国家级生态村创建标准(试行)》的通知，规定了农村污染控制指标，但未对乡村生态建设、乡村清洁流域、乡村生态可持续发展提出考核指标，无法实现美丽乡村建设的总体目标；2009 年环保部印发的《中央农村环境保护专项资金环境综合整治项目管理暂行办法》的通知，仅对项目申报、资金管理、项目实施及验收权限进行了规定，未形成农村环境保护工作考核指标体系，更未对美丽乡村建设考核指标体系进行规定。

与此同时，各省市也在不断推进生态村建设指标，浙江、江苏、湖南、广东等地均制定了符合地方要求的生态村建设标准，为美丽乡村建设提出基础性考核办法。昆明市政府于 2008 年印发《昆明市环境优美乡镇和新农村生态村建设主要指标》的通知，形成了美丽乡村建设的框架下指标体系，然而，该通知存在指标体系不完整、相关指标定量考核性差的特点。

综合国家及省市出台的相关考核指标体系，均在不同程度上存在指标体系完整性不够、相关指标考核性差、指标体系对地方指导性不够、缺乏围绕美丽乡村建设的综合指标体系，给美丽乡村建设带来目标不清、考核约束不严、可操作性差等问题，导致农村环保工作和美丽乡村建设缺乏规范指导。

第三节　农村环境治理的发展历程

一、“新农村建设”发展历程

1. 新农村建设起始阶段

1956年，一届人大第三次会议提出了“建设社会主义新农村”的奋斗目标，是中央领导人中最早提出建设社会主义新农村的概念。在此后相当长的一段时期内，动员和组织大批城市知识青年下乡参加农业生产，建设社会主义新农村成为当时的主题。在这一时期的社会主义新农村建设取得了一定的成绩，但是其目的是要求农业支持工业、农村支持城市，导致城乡差别越来越大。

2. 新农村建设发展阶段

1981年，国务院领导人在《当前的经济形势和今后经济建设的方针》的报告中，号召全党带领和团结亿万农民，为建设社会主义新农村而奋斗。以家庭联产承包责任制为主题的新农村建设为农村社会经济发展、农业生产、基础设施改善等开启了新的篇章。

3. 新农村建设提高阶段

在党的十四届六中至十六届五中全会期间，以“生产发展、生活宽裕、乡风文明、村容整洁、管理民主”为目标的社会主义新农村建设提出了要“建设有中国特色社会主义新农村”的目标，开始实施“多予、少取、放活”的政策，以促进农民增收、提高农业综合生产能力、推进社会主义新农村建设、发展现代农业和切实加强农业基础建设为主题的新农村建设，为提高农业生产、提倡节约资源、倡导保护环境、注重民族管理等提供依据，形成了资源节约型、环境友好型农业生产体系，掀开了建设社会主义新农村的历史篇章。

4. 新农村建设升华阶段

自党的“十八大”以来，以美丽乡村、精准扶贫、消灭贫困、建设小康、绿色发展为目标的社会主义新农村建设提出了生态优先、环境保护、传承文化、改善条件、促进产业的全面体系化中国特色社会主义新农村建设的理念，形成了民族文化子系统、生态环境子系统、百姓生活子系统和产业发展子系统的美丽乡村综合生态系统，将社会主义新农村建设提升至美丽乡村建设新高度。

自新中国成立以来，社会主义新农村建设政策不断推进的四个阶段如图2-1所示。

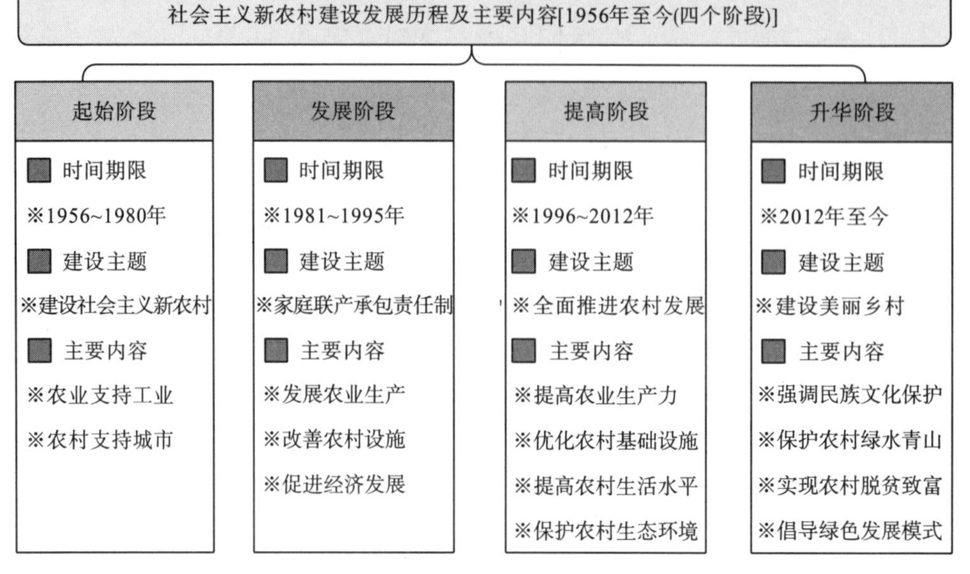

图 2-1 社会主义新农村建设发展历程

二、“农村环境综合整治”的发展历程

1. 农村环境综合整治初始阶段

自 2002 年开始，以优美村镇、生态乡村为目标的农村生态环境保护相关政策相继出台，以社会经济、生态保护、污染治理、饮水安全等为要素的农村环境综合整治主题逐渐清晰，形成了相对明确的优美村镇、生态乡村评价办法，并在全国范围内开始命名优美村镇和生态乡村。由此，农村生态环境保护与环境污染控制的相关工作得以开展，农村环境污染开始逐步得到重视，为开启农村环境综合整治工作奠定了良好的基础。

2. 农村环境综合整治发展阶段

自 2008 年开始，以控制农村污染、保障农村饮水为目标的农村环境综合整治提出了污水收集与处理、垃圾收运与处置、粪便处置与利用、农业面源污染控制和饮用水安全保障五个方面工作任务及要求。由此，全国各地都在大力推进包括污水收集与处理、垃圾收运与处置、粪便处置与利用、农业面源污染控制和饮用水安全保障等工作在内的农村环境综合整治工作，形成了一套相对完整的农村环境综合整治技术体系和工作方法，实现了农村环境综合整治的以点带面的示范效果，同时，也为有效控制农村污染、保障农村饮水、改善农村生活条件提供了政策依据。

3. 农村环境综合整治提高阶段

2010 年底，环保部关于印发《全国农村环境连片整治工作指南(试行)》的通知，由此，农村环境综合整治工作进入连片实施阶段，形成了以区域性治理农村污染、区域性改善农村饮水为目标的农村环境连片综合整治，提出了以建制村(行政村/村委会)为单元的概念，系统解决农村污水收集与处理、垃圾收运与处置、粪便处置与利用、农业面源污染控制和饮用水安全保障的工作问题。由此，全国各地相继总结了农村污水连片处理的自然村(村小组)分散初步处理＋建制村集中处理的“分散＋集中”处理方式，农村垃圾的自然村收集、建制村转运、乡镇区处置的“收集－转运－处置”的体系，畜禽粪便的自然村收集、建制村处理、乡镇区利用的模式，将农村环境连片整治推向了全新高度。

4. 农村环境综合整治升华阶段

自党的“十八大”以来，尤其是习近平总书记在2013年底召开的中央农村工作会议上强调：中国要强、农业必须强；中国要富、农民必须富；中国要美、农村必须美。自建设美丽中国，必须建设好“美丽乡村”以来，以控制农村环境污染、改善农村生态环境、保护农村乡土文化、促进农村绿色产业发展为目标的农村环境综合整治提出了环境污染综合治理、生态系统保护与恢复、民族文化保护与传承、生态产业培养与发展等方面工作任务及要求。由此，以美丽乡村建设为目标的农村环境综合整治上升到前所未有的高度，为农村区域绿水青山提供了政策保障。

农村环境综合整治政策不断推进的四个阶段如图2-2所示。

图2-2　农村环境综合整治发展历程

三、“美丽乡村建设”的发展历程

1. 美丽乡村建设起始阶段

自农村环境污染治理与生态修复逐步受到重视以来，以“农村环境污染治理、农村区域生态系统保护与修复”为目标的美丽乡村建设开始起步，在此阶段，美丽乡村建设经历了农村基础设施改善(道路硬化、灯光亮化、住房美化、景观绿化的“四化”过程)、农村环境综合整治(污水、垃圾、畜禽粪便等污染治理)、农村区域生态系统保护与恢复、农业面源污染控制等实施，实现了初步改善农村居住条件、提高生活质量、控制环境污染、保护区域生态等目标，为美丽乡村建设打下了坚实的基础。

2. **美丽乡村建设发展阶段**

自2003年水利部颁布《生态清洁小流域建设技术导则》以来，小流域建设已成为区域水环境保护与生态修复的重要举措。由此，以农村区域(尤其是山区、半山区农村)为单元，开展乡村清洁小流域建设已成为美丽乡村建设的又一发展阶段，以“农村水土保持、脆弱生态系统修复、污染综合治理、河湖水环境保护”为目标的美丽乡村建设提出了水土涵养林建设、农业面源污染控制、农村环境整治、区域生态系统保护与修复等工作内容，为推进美丽乡村建设过程中实现绿水青山提供了有力支撑。

3. **美丽乡村建设提高阶段**

自党的“十八大”以来，美丽乡村建设得以正式提出，以乡村生态环境改善、农村乡土文化保护、乡村生活条件优化、乡村产业持续发展为目标的美丽乡村建设提出了“山水林田湖”的创新体系，形成了以提高农村经济收入为目标、以保护生态环境为底线、以改善生活条件为基础、以传承乡土文化为灵魂的立体化美丽乡村建设蓝图，真正意义上实现了美丽乡村的生态美、心灵美、生活美、经济美的“四美”目标。

美丽乡村建设政策不断推进的三个阶段如图2-3所示。

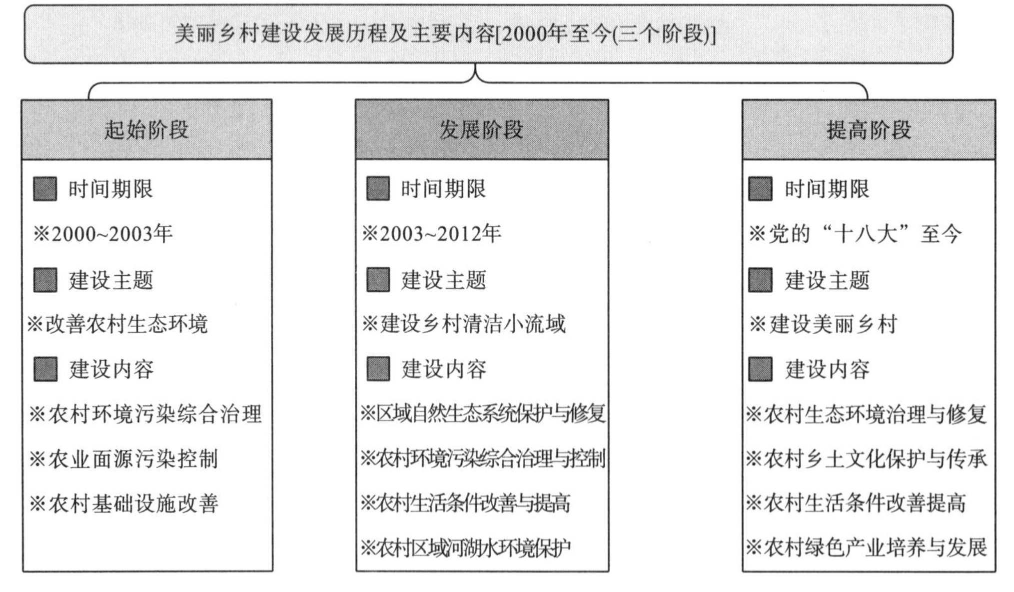

图2-3 美丽乡村建设发展历程

四、农村扶贫政策发展历程

1. 农村扶贫政策起始阶段

自改革开放(1978年)以来，以提高农村收入、降低农村贫困率为目标的社会主义农村扶贫工作提出了体制改革推动扶贫方式，建立了土地经营制度，极大地激发了农民的劳动热情，从而极大地解放了生产力，提高了土地产出率；与此同时，逐步放开农产品价格并建立交易制度，将利益传递到贫困人口手中，使贫困农民得以脱贫致富，农村贫困现象大幅度缓解。

2. 农村扶贫政策发展阶段

自1986年以来，以解决中国农村区域发展不平衡，针对性提高贫困地区收入水平为目标的社会主义农村扶贫工作提出了开发式扶贫方针，针对少数由于经济、社会、历史、自然、地理等方面的制约，发展相对滞后的地区，中国政府在全国范围内开展了有计划、有组织和大规模的开发式扶贫，中国的扶贫工作进入了一个新的历史时期。经过八年的不懈努力，贫困人口占农村总人口的比重从14.8%下降到8.7%。

3. 农村扶贫政策提高阶段

随着农村改革的深入发展和国家扶贫开发力度的不断加大，中国贫困人口逐年减少，贫困特征也随之发生较大变化，贫困人口分布呈现明显的地缘性特征。这主要表现在贫困发生率向中西部倾斜，贫困人口集中分布在西南大石山区(缺土)、西北黄土高原区(严重缺水)、秦巴贫困山区(土地落差大、耕地少、交通状况恶劣、水土流失严重)以及青藏高寒区(积温严重不足)等几类地区。1994年3月国家提出实施《国家八七扶贫攻坚计划》，中国的扶贫开发进入了攻坚阶段。《国家八七扶贫攻坚计划》明确提出，集中人力、物力、财力，动员社会各界力量，到2000年底基本解决农村贫困人口的温饱问题。这是新中国历史上第一个有明确目标、明确对象、明确措施和明确期限的扶贫开发行动纲领。

4. 农村扶贫政策升华阶段

自党的“十八大”以来，尤其是自2013年11月习近平到湖南湘西考察时首次作出了“实事求是、因地制宜、分类指导、精准扶贫”的重要指示以来，中国农村扶贫工作进入精准扶贫阶段，提出了坚持分类施策，因人因地施策，因贫困原因施策，因贫困类型施策的原则，形成了扶持生产和就业发展一批，易地搬迁安置一批，生态保护脱贫一批，教育扶贫脱贫一批，低保政策兜底一批的“五批”脱贫计划，强调了广泛动员全社会力量参与扶贫，力争在2020年实现全面建设小康社会的目标。

中国扶贫政策不断推进的四个阶段如图2-4所示。

中国农村扶贫政策发展历程及主要内容[2002年至今(四个阶段)]

起始阶段	发展阶段	提高阶段	升华阶段
时间期限	时间期限	时间期限	时间期限
※1978~1985年	※1986~1993年	※1993~2012年	※2012~2020年
建设主题	建设主题	建设主题	建设主题
※全面提高农村收入	※解决农村发展不平衡	※全面实现农村温饱	※全面建设小康社会
主要内容	主要内容	主要内容	主要内容
※建立土地经营制度	※设立扶贫机构	※扶贫互助	※扶持脱贫产业
※放开农产品价格	※梳理扶贫项目	※改善基础设施	※异地搬迁扶贫
※建立农产品交易制度	※推行开发扶贫	※保护生态环境	※生态保护脱贫
		※培养扶贫产业	※教育扶贫脱贫

图 2-4 中国农村扶贫政策发展历程

第四节 云南省农村生态环境治理成效与问题

一、云南农村生态环境治理取得的主要成效

改善农村生态环境既是关乎百姓福祉的头等大事，也是推进生态文明建设急需补齐的短板，云南省各级党委和政府对此高度重视并开展了一系列卓有成效的工作，有效遏制了农村生态环境的恶化。

近年来，云南省先后出台了包括《云南省农村环境综合整治规划》《云南省美丽宜居乡村建设行动计划》在内的多个《规划》和《行动计划》，为农村生态环境治理制定了顶层设计和实施蓝图。通过争取上级资金、社会资本融资、政府自筹资金等方式，云南省先后实施了一批农村环境综合整治工程项目，其中，洱源县争取到云南省第一个农村环境综合整治 PPP 项目，为农村生态环境治理拓宽了融资渠道。相关项目的实施不仅有效控制了农村环境污染、保障了区域水环境质量安全，更为农村生态环境治理提供了可行样板。同时，在《云南省美丽宜居乡村建设行动计划》的引领下，云南省先后打造了一批自然环境优美、污染控制得当、民族气息浓厚、产业发展良好的美丽宜居乡村，为实现到 2020 年云南省建成 2 万个美丽宜居乡村计划奠定了良好的基础。诸如，洱源县郑家庄村实现了“七个民族一家亲”的多民族和谐生活景象；2015 年被评为“中国美丽乡村”的瑞丽市喊沙村为发展乡村旅游提供了条件；腾冲县新岐村已培育出集乡村林业、种植业和生物产业于一体的绿色生态产业链；丘北县仙人洞村融合民族文化与自然风光，建设美丽乡村使百姓人均纯收入达 3 万多元/年。

二、云南农村生态环境治理存在的突出问题

云南农村数量多、人口基数大、污染分布散、类型成分杂等特点给农村生态环境治理带来了严峻挑战，同时，云南省农村生态环境治理尚处于起步阶段，存在如下五个方面的突出问题亟待解决。

1. 农村生态环境治理“一刀切”现象突出

云南农村在自然生态条件、环境污染特征、区域环境风险等方面均存在较大差异，需因地制宜、因事施策地推进农村生态环境治理。然而，云南省农村生态环境治理“一刀切”现象突出，存在环境风险高的农村生态环境治理不到位的缺位、环境风险低的农村生态环境治理过度的越位和环境污染治理措施出现偏差的错位问题。

2. 农村环境污染特征判定经验估算现象突出

云南农村环境污染分布散、污染成分杂、污染环节多的特点导致对其污染特征判定难度大，需进行精确判定。然而，云南农村环境污染特征判定经验估算现象突出，存在对污染产生量和排放特征判断偏差、污染治理技术选择针对性差、治理设施运行率低、处理达标排放率更低等问题，甚至出现“晒太阳”工程。

3. 农村生态环境治理技术储备短缺现象突出

云南农村地域分布广、地形差异大、气候跨度大、社会经济发展不平衡，需因地制宜地选择治理技术实现农村生态环境分户、分片、分区治理。然而，云南农村生态环境治理技术储备短缺现象突出，存在技术选择空间有限、技术应用适应性差、分户分片治理技术缺乏等问题，无法满足农村生态环境治理的根本要求。

4. 农村生态环境治理规范标准缺失现象突出

农村生态环境治理是有别于城市环境污染治理的一项专业性强、技术性高、实施难度大的工程，需有严格的规范和标准约束以保障工程治理的实效性。然而，我国农村环境污染治理技术规范和标准不完善，尤其针对农村污染治理排放标准缺失现象突出，存在治理技术选择、治理排放要求、目标考核条件等缺乏统一标准限定的问题。

5. 农村生态环境治理体制机制不顺现象突出

云南农村生态环境治理需在资金投入、工程质量、运行管理、责任考核等方面建立系统性体制机制，实现治理设施“三分建七分管”的要求。然而，云南农村生态环境治理体制机制不顺现象突出，存在工程建成后运行管理责任落实不清、运行资金匮乏、管理人员不足、持续考核不到位等问题。

第三章　云南典型农村环境污染特征

第一节　研究必要性

云南省地处云贵高原地区，分布有16个地州(市)、129个县(市、区)、2700余个乡镇，近120 000个自然村，94%的农村位于山区和半山区。目前，在农村生态环境治理方面，除九大高原湖泊流域、重点水源、新农村建设等部分村落初步实施农村生态环境治理相关工程外，其他绝大部分农村污水直排、垃圾乱堆、生态退化等现象依然严重，给农村生产生活带来了严重影响，与生态文明建设背景下的美丽乡村建设极不适应。

云南典型山地农村形成的“汇水面山—山地农村—耕作农田—湖滨湿地—湖泊水域”流域特点是对“山水林田湖”生命共同体最好的诠释，如图3-1所示。现有研究已在农村汇水面山产水过程机制、农业面源污染迁移转化、水域富营养化防控机制等方面开展较为深入，但对山地农村环境污染产生过程、迁移风险等方面研究较少，严重制约了山地农村环境污染治理成效。究其原因，运行与管理不规范是主因，但从深层次分析却与对山地农村污水产生特征、污染来源解析、迁移过程揭示及环境风险评估缺乏科学系统的认识有关，导致其处理工艺选择和技术参数确定出现明显偏差。

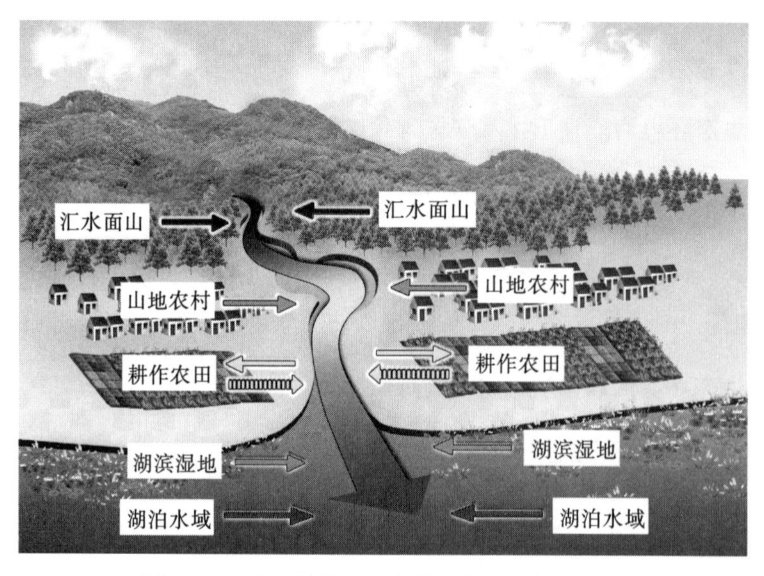

图3-1　云南农村的“山水林田湖”生命共同体

相比城镇建设的高度集中化、布局合理化和相对规范化的先决条件，云南农村具有住户相对分散、房屋布局凌乱、村民普遍贫困、环境污染突出等显著特点，其污水处理很难采用城镇的“管网统一收集－污水集中处理”方式。近年来，生态海绵体因其洪涝调蓄、污染净化等作用正在快速推广应用于海绵城市建设，山地农村的土地相对富饶、可利用空间大、污水产生分散等特点为其将生态海绵体引入污水的生态化处理带来更大潜力。如何挖掘山地农村现有污水汇流沟渠、沼泽地、荒废水塘、低洼滩地等生态空间成为其推行海绵体建设的重中之重，目前该领域研究尚不深入。然而，要实现将生态海绵体引入山地农村污水处理，满足其对污水生态净化的目标，必须深入分析农村污水产生特征、污染来源、沟渠迁移过程及现有排放风险，为探寻推行山地农村生态海绵体建设提供理论基础和科学依据。

长期以来，很少有人系统关注过山地农村污水由产生到排放需经历哪些环节，污水在相关环节是否带来污染物形态和浓度的变化，一般将污水产生等同于排放而完全忽视了其在村内沟渠汇流的中间过程，忽略农村污水的沟渠汇流过程不仅不能实现合理利用生态空间强化污染的自然净化目标，更导致大量污水处理工程运行无法达到预期目标，严重影响了农村环境污染控制成效并造成了大量投资的浪费。实际上，农村污水(点源污染)由产生到排放的过程经过住户分散产生、村内汇流迁移和出村集中排放后进入地表水域带来污染风险；而面源污染由农村固体废物堆放产生的浸出液流经村内汇流沟渠后与污水混合增加了污染风险，如图 3-2 所示。由此，系统掌握农村污水由产生到排放的全过程特征规律，不仅为实施农村污水处理工程设计提供科学依据，更为合理利用山地农村生态空间、构建农村生态海绵体的污水生态净化与工程治理高度融合的理念提供理论基础。

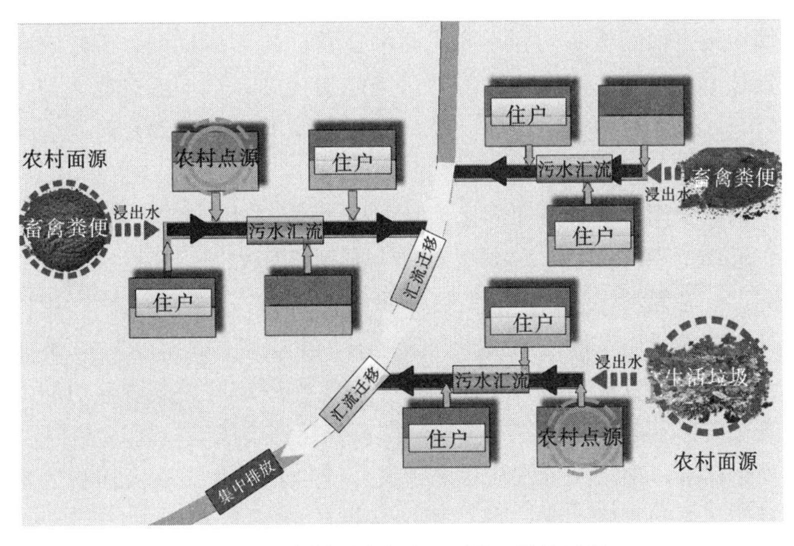

图 3-2　农村污水产生－迁移－排放过程

第二节 研究背景

一、研究目的与意义

随着现代经济的高速发展，环境污染已成为全球关注的热点性问题。人们在享受经济发展成果的同时，也期待着优美的人居环境与和谐的生产环境。自 20 世纪 90 年代以来，国家加大了对城市环境污染的管理，我国的环保产业有了全新的面貌。在城市环境日益改善的同时，农村环境问题却日益严重，农村已成为继工业、城镇之后的第三大污染源，如农业生产污染、村镇生活污染以及畜禽养殖污染等。各种各样的污染和生态问题，不仅通过水污染、大气污染和食品污染等渠道影响到城市环境，而且最终影响到数亿农村人口的生活与健康。因此，解决农村环境污染问题已成为我国环境治理中的首要任务。

氮磷的生物地球化学过程是当前污染生态研究的核心，已有研究表明，氮磷在河流、湖泊、湿地等水－底泥界面交汇作用频繁，底泥氮磷赋存量对水体氮磷的浓度影响较大，底泥中的有机质含量会影响蓄积在底泥中的氮磷元素的释放潜力，这能够为农村氮磷污染的研究提供科学的理论支撑。当前，大多数研究将农村排放的污水及氮磷源头产生量等同于出村排放，忽略了其在农村沟渠内迁移转化时发生的变化。因此，探索氮、磷及有机质在农村沟渠内的时空变化规律有利于系统揭示其在沟渠中的迁移转化过程，同时为实施农村环境整治和建立美丽乡村提供科学指导。

农村环境污染问题已成为环境保护领域的研究热点，而对沟渠底泥污染状况的研究更是农村环境污染方面的核心内容。相比湖泊富营养化形成机制、流域农业面源污染迁移转化与控制技术、湖泊底泥沉积物氮磷污染防治措施、水土流失成因与生态恢复等方面研究的深入开展，农村沟渠底泥氮、磷和有机污染的形成过程及时空变化规律方面的研究起步较晚。

综上，本书以云南省普者黑和阳宗海流域典型农村为研究对象，选择畜禽养殖型、生态休闲型、近郊型和种植型 4 种类型农村为典型研究案例，开展农村氮、磷及有机污染的定量研究。普者黑湖是滇东南岩溶区域最大的湖泊，现已列入全国优质水源地保护范围，是当地重要的饮用水源；阳宗海是云南省的九大高原湖泊之一，被誉为滇中高原的一颗璀璨明珠，其兼具饮用水、工业用水、农业灌溉及风景旅游等功能，是昆明市未来的重要风景旅游区。近年来，普者黑湖泊富营养化污染风险较高，水质不能满足 III 类地表水环境质量标准；阳宗海的水质不断恶化，至今已发生多次大面积的水华现象。造成这一系列环境污染问题的很大一部分原因是湖泊流域上游农村生活污水、工厂废水、固体废弃物等污染物直接排放，农村环境污染给湖泊带来的压力已成为限制当地社会经济发展的瓶颈性问题。因此，研究与分析典型农村氮、磷和有机质的分布特征、干湿季变化规律和环境污染风险，不仅有利于制定科学合理的治理策略，同时还能为农村污水处理工程的实施提供基础数据资料和理论基础。

二、研究背景

在全球化的大背景下，生态环境恶化已成为人类生存和发展所面临的严峻问题，而随着农村经济的快速发展和人口激增，农村生态环境恶化问题日趋严重，其主要原因是农村沟渠底泥中营养成分不断增加。近年来，随着云南省各大流域和湖泊的综合治理，外源氮、磷和有机污染物输入逐渐减少，但湖泊上游农村沟渠底泥内源释放的氮、磷及有机污染物对其影响正在加剧。目前，国内针对氮、磷以及有机污染在湖泊、湿地、水库等领域已有大量研究，如陈如海等研究了西溪湿地底泥氮、磷和有机质的竖向分布规律，为农村沟渠底泥氮、磷和有机质的研究提供类比和借鉴；赵海超等研究了洱海沉积物中氮、磷及有机质的时空分布特征，为开展农村沟渠底泥氮、磷和有机质的分布特征研究提供了典型案例；王佩等研究了太湖湖滨带底泥氮、磷和有机质的分布特征与污染评价，结果表明，太湖湖滨带底泥环境质量整体较好，部分地区污染严重，为农村沟渠底泥氮、磷和有机污染的评价研究提供了理论方法。前人除了侧重于湖泊、湿地、水库等底泥氮、磷和有机质的分布特征的研究，也对农村沟渠底泥做了相应的研究，但针对高原湖泊流域不同类型农村沟渠底泥的研究还相对较少。因此，做好高原湖泊流域上游农村沟渠底泥氮、磷和有机质污染的防治是改善农村生态环境和治理下游湖泊富营养化污染的最基本条件。

现阶段，国内关于农村水污染与防治方面取得了不少的研究成果，如周利华等、张欣等、陈利顶等一致认为农村环境恶化与农户生产行为和生活方式直接相关；胡素霞指出，种植产业、畜禽养殖等是造成全国农村环境问题的共性影响因素；李纬纬等表示，农村环境污染是制约新农村建设的重要因素，而城市产业结构转移、乡镇企业快速发展、大规模畜禽养殖、种植技术落后是造成农村环境污染的主要因素；沃飞等研究了太湖流域典型地区农村水环境氮磷污染状况；王丽香等对常熟农村不同水体氮磷污染状况进行了研究。

虽然水污染方面的研究成果已经得到了各界的认可，但对于农村沟渠底泥氮、磷、有机质污染的研究相对较少，不过也有部分学者做了相关的研究。如冀峰等做了关于太湖流域农村黑臭河流表层沉积物中磷形态的分布特征研究，认为表层沉积物中高含量的全磷除受外源性污染物影响较大外，与逐渐严重的内源磷负荷也有关；罗春燕等从不同土地利用方式的角度研究了嘉兴农村沟渠底泥中的氮、磷形态分布特征，研究结果表明，畜禽养殖对沟渠底泥氮、磷含量及易于进入水体的氮、磷均有显著影响，与农田土地利用方式相比，畜禽养殖污染产生的环境风险最大，底泥富氮磷化的同时向水体释放氮磷的潜能也在增加。国外关于农村环境污染方面也有不少的研究，如 Butler 等针对农村污水氮、磷污染来源开展了相应研究；Boers 对来自农田的氮、磷负荷量做了相关研究；Abler 等进行了关于农业污染的治理政策研究。但还未曾有学者做过关于农村底泥污染特征及风险评价方面的研究。

底泥沉积物的污染研究在湖泊、湿地、河流等领域已取得了不少研究成果，但其在农村环境污染方面的研究还鲜有报道。当前，工业化、城市化高速推进，农村城镇化进度不断加快，由此带来的农村环境污染问题日益突出。农村沟渠底泥氮、磷及有机污染，是当前云南省不同类型农村面临的最严峻的农村环境污染问题。高原湖泊由于其特殊的地形条件，使其面临较高的富营养化污染风险，而农村沟渠底泥氮、磷及有机污染既是黑臭水体的重要来源，又是诱发湖泊富营养化污染的主要因素。大量研究表明，云南高原湖泊入湖污染总量有30％～65％来源于农业面源污染，这说明农村环境对湖泊富营养化污染带来的风险不可忽视。因此，开展农村沟渠底泥污染物的研究对“建设美丽乡村”和改善流域综合环境具有理论指导意义。

底泥是生态系统的重要组成部分，不仅可间接反映水体的污染情况和水动力状态，还可在外界水动力因素制约下向上覆水体释放营养成分，影响下游湖泊水质和富营养化过程。氮、磷和有机质是底泥中重要的营养成分，底泥作为其重要的蓄积库，既能作为“汇”来收集上覆水体中的各类污染物，又能作为“源”将这些污染物重新释放回上覆水体中，进而导致水体的二次污染。农村沟渠通常为环境监测部门防治的盲区，与此同时，由于其长期受到沿线农业面源污染、生活污水和畜禽养殖废水等的影响，积蓄了高浓度的污染物，导致底泥沉积，更严重的还形成了黑臭河流；当发生暴雨径流冲刷时，对下游湖滨湿地、湖泊以及河流的水生生态系统会造成巨大的污染风险。因此，对各流域上游农村沟渠氮、磷及有机污染的研究对保护农村生态环境与治理下游湖泊富营养化污染具有实践意义。

底泥污染物主要通过大气沉降、废水排放、土壤侵蚀、雨水淋溶等方式进入水体，最后沉积于底泥中并逐渐蓄积，从而使底泥受到严重污染。欧洲莱茵河流域、荷兰的阿姆斯特丹港口、德国的汉堡港等由于底泥污染引起的水质恶化均十分严重。虽然目前已经采取了各种措施来减少水体外源污染的输入，但是水质恶化尚未得到有效控制，这归因于养分从底泥沉积物中向水体释放，尤其是氮、磷元素。因此，研究底泥污染物的分布特征及环境污染风险就显得尤为重要。

云南省有上万个大小不一的农村，为探索不同类型农村所面临的环境污染问题，对其进行分类是提高研究效率与深度的有效途径。本研究将云南省的农村分为畜禽养殖型、生态休闲型、近郊型和种植型4类农村，以普者黑和阳宗海流域的四个农村为典型研究对象，通过不同季度对其村内沟渠底泥进行野外实地采样与室内实验，分析不同类型农村沟渠底泥中氮、磷和有机质的干湿季变化规律和环境污染风险，以期为高原湖泊流域农村环境保护及湖泊富营养化污染防治提供科学的理论依据和数据支撑。

第三节　研究内容与方法

根据国家农业部正式对外发布中国美丽乡村建设十大模式，结合云南省本土特点，将云南省农村环境污染一级分类划分为如下五种类型：

(1)种植型农村：主要在云南省农业主产区，其特点是以发展农业作物生产为主，农田水利等农业基础设施相对完善，农产品商品化率和农业机械化水平高，人均耕地资源丰富，农作物秸秆产量大。

(2)近郊型农村：主要是在大中城市郊区，其特点是经济条件较好，公共设施和基础设施较为完善，交通便捷，农业集约化、规模化经营水平高，土地产出率高，农民收入水平相对较高，是大中城市重要的“菜篮子”基地。

(3)生态休闲型农村：主要是在适宜发展乡村旅游的地区，其特点是旅游资源丰富，住宿、餐饮、休闲娱乐设施完善齐备，交通便捷，距离城市较近，适合休闲度假，发展乡村旅游潜力大。

(4)畜禽养殖型农村：以畜牧业为主要产业，人口众多，区域大，除传统农业发达以外，还拥有数量较多的规模化畜禽养殖场，畜禽粪便污染情况较为严重，畜禽产品商品化高、交易量大，农产品资源丰富。

(5)工业型农村：其特点是产业优势和特色明显，农民专业合作社、龙头企业发展基础好，产业化水平高，初步形成“一村一品”“一乡一业”，实现了农业生产聚集、农业规模经营，农业产业链条不断延伸，产业带动效果明显。

因工业型农村在云南分布较少，本书重点选取了前 4 个类型的农村进行研究。以普者黑流域的八道哨村(畜禽养殖型)、普者黑村(生态休闲型)和阳宗海流域的海晏村(种植型)、大营村(近郊型)为研究对象，在村内布设一定数量的采样点，在不同季度进行野外采样并做室内实验分析，分析沟渠水体和底泥中各污染指标的季节性变化规律，以及不同类型农村底泥氮、磷、有机质含量的分布特征，比较不同类型农村污染物的产生来源，并运用风险评价方法评价其氮、磷及有机质的污染风险，以期为云南省农村的生态环境保护与下游湖泊湿地的污染防治提供科学的理论依据。

一、研究内容

1. 种植型农村污染现状及污染物分布规律研究

通过对种植型农村沟渠上覆水体各水质指标、底泥各污染指标(氮及其赋存形态、磷及其赋存形态和有机质)的测定，分别绘制各污染指标的分布图，比较各指标的空间分布特征、季节性变化规律，并运用内梅罗指数法、单因子评价法、有机污染指数法等方法评价环境污染风险。

2. 近郊型农村污染现状及污染物分布规律

通过对近郊型农村沟渠上覆水体各水质指标、底泥各污染指标(氮及其赋存形态、磷及其赋存形态和有机质)的测定，分别绘制各污染指标的分布图，比较各指标的空间分布特征、季节性变化规律，并运用内梅罗指数法、单因子评价法、有机污染指数法等方法评价环境污染风险。

3. 生态休闲型农村污染现状及污染物分布规律

通过对生态休闲型农村沟渠上覆水体各水质指标、底泥各污染指标(氮及其赋存形态、磷及其赋存形态和有机质)的测定，分别绘制各污染指标的分布图，比较各指标的空间分布特征、季节性变化规律，并运用内梅罗指数法、单因子评价法、有机污染指数法等方法评价环境污染风险。

4. 畜禽养殖型农村污染现状及污染物分布规律

通过对畜禽养殖型农村沟渠上覆水体各水质指标、底泥各污染指标(氮及其赋存形态、磷及其赋存形态和有机质)的测定，分别绘制各污染指标的分布图，比较各指标的空间分布特征、季节性变化规律，并运用内梅罗指数法、单因子评价法、有机污染指数法等方法评价环境污染风险。

5. 不同类型农村环境污染差异性分析

通过对不同类型农村氮、磷和有机质在干湿季的变化规律研究，分析不同类型农村沟渠底泥污染特征的差异性，讨论造成各类典型农村氮、磷和有机质污染的主要影响因素(日常生活、畜禽养殖、旅游业、企业生产等)和污染来源(生活污水、生活垃圾、畜禽粪便、厨余垃圾等)的差异性。

二、研究区概况

本研究以云南省种植型、近郊型、生态休闲型和畜禽养殖型等 4 种典型农村为研究对象。其中种植型和近郊型农村选择位于阳宗海流域的海晏村和大营村，生态休闲型和畜禽养殖型农村选择位于普者黑流域的普者黑村和八道哨村。

1. 阳宗海流域农村概况

阳宗海(102°5′～103°02′E，24°51′～24°58′N)位于云南省，距昆明 36km，地跨澄江、呈贡、宜良三县之间，海拔 1770m，为云南省九大高原湖泊之一，湖面积 30km^2，流域面积 192km^2。

海晏村(102°59′E，24°51′N)位于阳宗海南岸附近，属于种植型农村，全村人口 1300 余人，适合种植水稻、蔬菜、花卉等农作物，村民收入以种植业和渔业为主。

大营村(102°59′E，24°50′N)位于海晏村的东南方向，属于近郊型农村，紧邻县城，全村人口 7000 余人。除了传统种植业与渔业以外，村民收入还来自部分第二、第三产业，如饲料、化工材料的加工生产，餐饮、商业和仓储等行业。

2. 普者黑流域农村概况

普者黑湖(104°7′24″～104°9′6″E，24°8′2″～24°3′58″N)属于珠江流域西江水系，位于云南省丘北县，海拔 1446～1462m，年平均气温 16.4℃，年降水量 1206.8mm，湖面积约 5.3km^2。

普者黑村(104°07′E，24°08′N)位于普者黑湖的中游临岸地带，属于生态休闲型农村，全村人口 4000 余人，旅游业为其主要经济来源，观光旅游、农家乐、渔家乐等餐饮旅游产业较发达。

八道哨村(104°04′E，24°05′N)位于普者黑流域西南岸附近，属于畜禽养殖型农村，全村人口9000余人，畜牧业是其主要产业。该村2014年农村经济总收入13 511.00万元，其中畜牧业收入9341.00万元(年内出栏肉猪53 068头，肉牛5879头，肉羊9399头)。

三、研究方法

(一)样点布设及样品采集

1. 样点布设和采样时间的确定

为获取高原湖泊流域典型农村沟渠底泥的基础数据，根据各类型农村的特点，在4种类型农村(畜禽养殖型、生态休闲型、种植型和近郊型)沟渠内选择有代表性的采样点进行水样和底泥样的采集。为探析干湿季农村沟渠底泥污染物的分布规律，本研究确定采集样品的时间分别为2015年10月(秋季)、2016年1月(冬季)、2016年4月(春季)和2016年7月(夏季)。

2. 采样准备及样品采集

本次采样需准备的工具及材料主要有水鞋、乳胶手套、聚乙烯自封袋、聚乙烯塑料瓶(550mL)、胶头滴管、浓硫酸、标签纸以及小铁锹。水样的采集：利用聚乙烯塑料瓶在采样点水面采集水样，上部不留空隙，滴加一滴(约0.8mL)浓硫酸盖紧，贴好标签做上标记并保存好。底泥样的采集：利用小铁锹在采样点水面以下采集表层底泥(10~15cm)，装于聚乙烯自封袋中密封，贴好标签做上标记并保存好。所有采样点的水样和底泥样各采集3个平行样品并带回实验室。

(二)样品分析与数据处理

1. 分析指标

本研究将对所采水样及底泥样品进行各污染指标的分析，具体情况见表3-1。

表3-1　农村沟渠水样及底泥样的分析指标

样品	污染指标
水样	总氮(w-TN)，总磷(w-TP)，化学需氧量(COD_{Cr})，pH，氧化还原电位(E_h)
底泥样	全氮(TN)，离子交换态氮(IEF-N)，弱酸可提取态氮(WAEF-N)，强碱可提取态氮(SAEF-N)，强氧化剂可提取态氮(SOEF-N)； 全磷(TP)，弱吸附态磷(Lablie-P)，可还原态磷(RSP)，铁铝氧化态磷(Fe/Al-P)，钙结合态磷(Ca-P)； 有机质(OM)

2. 样品前处理

将带回的水样置于4℃冰箱内冷藏待用，需在48小时内完成所有指标的测定；底泥样品置于干燥处晾晒，待自然风干后去除杂质与沙粒并研磨后过100目筛，分装于洁净的聚乙烯自封袋中待用。

3. 分析方法

本研究所采用的各指标分析方法参照国家标准方法和经典文献法。

水样分析：w-TN 采用紫外分光光度法(GB11894-89)测定，w-TP 采用钼酸铵分光光度法(GB11893-89)测定，COD_{Cr}采用重铬酸钾微波消解法(GB11914-89)测定，pH 采用直接玻璃电极法(GB/T6920—1986)测定。

底泥样分析：OM 采用重铬酸钾－硫酸外加热法测定，TN 采用凯氏定氮法测定，TP 采用钼锑抗分光光度法测定，其余各形态氮和磷的分析方法参照经典文献中的连续分级浸提法，如表 3-2 所示。其中，氮形态提取液中的 $\rho(NO_2^- -N)$ 采用萘乙二胺溶液分光光度法测定，$\rho(NH_4^+ -N)$ 采用次溴酸盐氧化法测定，$\rho(NO_3^- -N)$ 采用镉柱还原法测定；磷形态提取液中 $\rho(TP)$ 采用钼锑抗分光光度法测定。

表 3-2　底泥氮、磷形态分级连续浸提法

指标	提取方法
IEF-N	称取 0.5g 过筛(0.149mm)底泥样品于 50mL 离心管中，加入 20mL 1.0mol·L^{-1} KCl 溶液，25℃下振荡 2h，5000r·min^{-1}、25℃下离心 10min，固液分离，测定 $\rho(NO_2^- -N)$、$\rho(NH_4^+ -N)$、$\rho(NO_3^- -N)$。残渣用去离子水洗涤，烘干，备用
WAEF-N	在上步残渣中加入 20mL HAc-NaAc 溶液(pH＝5)，25℃下振荡 6h，5000r·min^{-1}、25℃下离心 10min，固液分离，测定 $\rho(NO_2^- -N)$、$\rho(NH_4^+ -N)$、$\rho(NO_3^- -N)$。残渣用去离子水洗涤，烘干，备用
SAEF-N	在上步残渣中加入 20mL 0.1mol·L^{-1} NaOH 溶液，25℃下振荡 17h，5000r·min^{-1}、25℃下离心 10min，固液分离，测定 $\rho(NO_2^- -N)$、$\rho(NH_4^+ -N)$、$\rho(NO_3^- -N)$。残渣用去离子水洗涤，烘干，备用
SOEF-N	在上步残渣中加入 20mL 碱性过硫酸钾氧化剂(NaOH 0.24mol·L^{-1}，$K_2S_2O_8$ 20g·L^{-1})，25℃下振荡 6h，5000r·min^{-1}、25℃下离心 10min，固液分离，测定 $\rho(NO_2^- -N)$、$\rho(NH_4^+ -N)$、$\rho(NO_3^- -N)$
Labile-P	称取 1.0g 过筛(0.149mm)底泥样品于 50mL 离心管中，加入 50mL 1.0mol·$L^{-1}$$NH_4Cl$ 溶液，25℃下恒温振荡 0.5h，5000r·min^{-1}、25℃下离心 10min，固液分离，测定浸提液中 $\rho(TP)$。残渣用饱和氯化钠洗涤，烘干，备用
RSP	在上步残渣中加入 50mL 0.11mol·L^{-1} $NaHCO_3$-$Na_2S_2O_4$溶液，40℃下恒温振荡 1h，5000r·min^{-1}、25℃下离心 10min，固液分离，测定浸提液中 $\rho(TP)$。残渣用饱和氯化钠洗涤，烘干，备用
Fe/Al-P	在上步残渣中加入 50mL 1.0mol·L^{-1} NaOH 溶液，25℃下恒温振荡 16h，5000r·min^{-1}、25℃下离心 10min，固液分离，测定浸提液中 $\rho(TP)$。残渣用饱和氯化钠洗涤，烘干，备用
Ca-P	在上步残渣中加入 50mL 0.5mol·L^{-1} HCl 溶液，25℃下恒温振荡 16h，5000r·min^{-1}、25℃下离心 10min，固液分离，测定浸提液中 $\rho(TP)$

4. 数据处理

利用 Excel2007 和 SPSS17.0 对实验数据进行分析处理，采用 GoogleEarth 和 PhotoshopCS6 绘制采样布点示意图，数据分布图采用 GraphPad6.0 绘制。

第四章　种植型农村污染现状及污染物分布规律

种植型农村海晏村的采样点位如图 4-1 所示，各个采样点均采集表层水样和底泥样，每个季节(1、4、7、10 月)各采一次样，对全村沟渠水质及底泥进行检测，水质和底泥全量的分析参照国家标准方法，底泥氮磷形态参照经典文献方法。

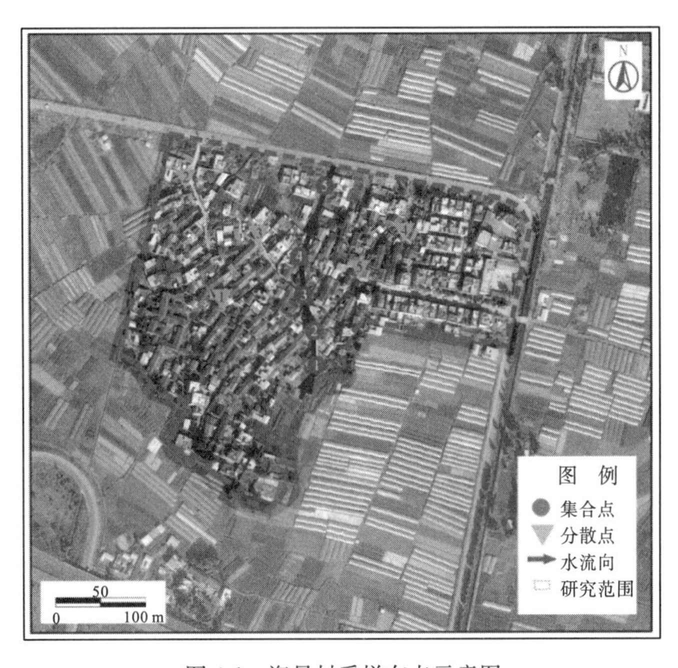

图 4-1　海晏村采样布点示意图

第一节　水环境污染特征及分布规律

一、上覆水理化特征及演变

农村水环境污染不仅受氮、磷等营养元素的影响，同时需要特定的酸碱度和氧化还原环境等条件。因此，上覆水的 pH 和 E_h值是控制农村水环境物理、化学过程的重要因素。水体理化特征的演变趋势既受流域生态环境变化的影响，也受农村居民生产生活活动的制约。因此，上覆水理化特征的演变规律能够在一定程度上反映农村沟渠水质变化的过程。

1. 上覆水 pH 时空分布

水体酸碱度(pH)不仅是表征水体状况的重要指标之一，也是环境监测的重要指标之一。水体 pH 主要受 CO_2含量的控制，自由态 CO_2含量降低会使 pH 升高。农村沟渠中有大量微生物和浮游生物，在各类微生物繁殖过程中，水体中的 pH 和无机碳源等往往会发生复杂的交互变化过程。

1)上覆水 pH 季节性变化

海晏村沟渠上覆水不同季节 pH 如表 4-1 所示。全年 pH 为 7.01~8.76，最高值出现在 2015 年 10 月，最低值出现在 2016 年 4 月。各季度平均值呈先下降后上升趋势，分为 2 个阶段，2015 年 10 月至 2016 年 4 月(分别为秋季、冬季、春季)为下降期，2016 年 4 月至 2016 年 7 月为上升期。总体来看，海晏村沟渠上覆水 pH 季节性变化差异不明显，各季度基本稳定在 8.00 左右，为弱碱性水体。

表 4-1　海晏村上覆水不同季节 pH

采样点	2015 年 10 月	2016 年 1 月	2016 年 4 月	2016 年 7 月
HY 合 1	7.78	7.71	7.49	7.76
HY 合 2	7.65	7.61	7.52	7.78
HY 合 3	8.03	7.83	7.61	7.88
HY 合 4	8.04	7.66	7.87	8.14
HY 合 5	7.90	7.71	7.81	8.08
HY 散 1	8.76	7.99	7.66	7.92
HY 散 2	8.09	8.22	8.74	8.50
HY 散 3	7.97	7.39	7.67	7.86
HY 散 4	7.21	7.51	7.84	8.03
HY 散 5	7.76	7.88	7.01	7.20
平均值	7.92	7.75	7.72	7.91

2)上覆水 pH 空间分布特征

海晏村沟渠上覆水 pH 空间变化如图 4-2 所示。各采样点上覆水 pH 为 7.46~8.39，平均值为 7.82，最高值出现在 HY 散 2 点，最低值出现在 HY 散 5 点，集合点与分散点 pH 差异不显著，但分散点西部 pH 显著高于东部。西部居民住宅比较密集，人口较多，生活污水及污染物(油脂类等有机污染物)含量较高，引起 pH 较高；东部地区人口较少，pH 相对较低；中部有一条合流沟渠，常年处于流动状态，pH 分布较平稳。

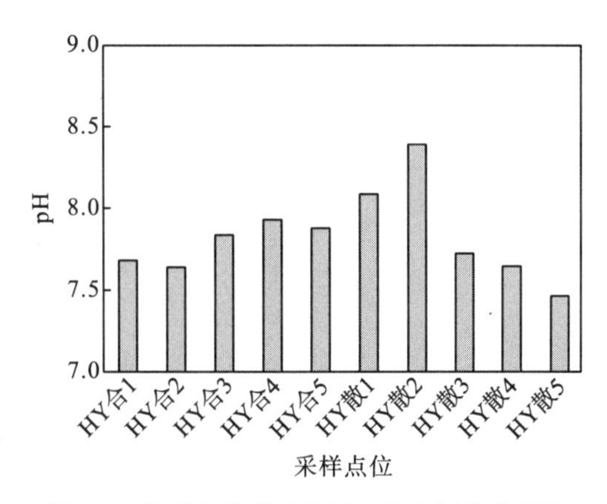

图 4-2　海晏村沟渠上覆水 pH 空间变化规律

2. 上覆水 E_h 值时空分布

氧化还原电位(oxidation reduction potential，ORP)是水溶液中氧化还原能力的指标，反应水体总氧化能力。水体中常存在多种氧化还原体系，它们相互作用的结果使水体具有一定的氧化还原电位。较高的氧化还原电位有利于好氧微生物的生长，而较低的氧化还原电位有利于厌氧菌的繁殖，进而使水质变坏，最终导致水环境受到污染。较高的氧化还原电位能使水体中的还原性无机物被氧化，为好氧微生物分解有机污染物提供必需的氧，从而提高水体自净能力。

1)上覆水 E_h 值季节性变化

海晏村沟渠上覆水不同季节 E_h 值如表 4-2 所示。全年 E_h 值为−372.00～104.90mV，最高值出现在 2016 年 4 月，最低值也出现在 2016 年 4 月。各季度平均值呈先上升后下降趋势，分为 2 个阶段，2015 年 10 月至 2016 年 4 月(分别为秋季、冬季、春季)为上升期，2016 年 4 月至 2014 年 7 月为下降期。总体来看，除 2016 年 4 月极个别点位外，海晏村沟渠上覆水 E_h 均呈现负值，为还原性水体。

表 4-2　海晏村上覆水不同季节 E_h 值 (mV)

采样点	2015 年 10 月	2016 年 1 月	2016 年 4 月	2016 年 7 月
HY 合 1	−106.20	−83.45	−30.80	−97.75
HY 合 2	−73.15	−17.15	11.10	−55.85
HY 合 3	−56.55	−71.80	14.60	−113.75
HY 合 4	−7.40	−50.05	44.55	−90.50
HY 合 5	−14.95	−19.50	104.90	−102.40
HY 散 1	−149.10	−80.15	−74.30	−191.20
HY 散 2	−130.00	−139.05	−78.90	−145.85
HY 散 3	−254.50	−176.70	−72.90	−139.80
HY 散 4	−76.90	−133.70	−34.40	−51.35
HY 散 5	−305.40	−244.15	−372.00	−88.85
平均值	−117.40	−101.57	−48.80	−107.73

2)上覆水 E_h值空间分布特征

海晏村沟渠上覆水 E_h值空间变化如图 4-3 所示。各采样点上覆水 E_h值为－252.58～－8.00mV，平均值为－93.88mV，最高值出现在 HY 合 5 点，最低值出现在 HY 散 5 点，整体呈集合点显著高于分散点。

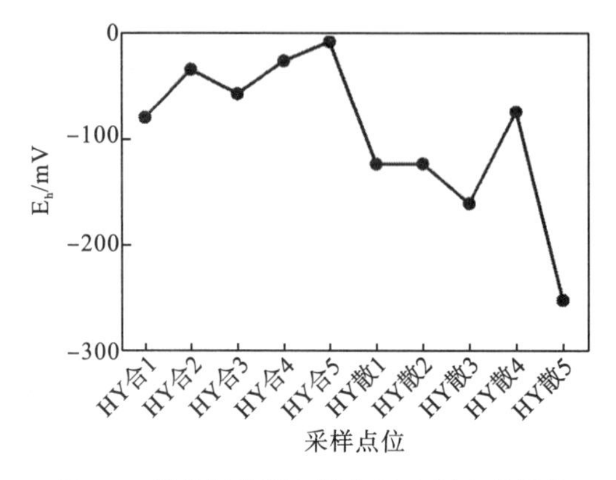

图 4-3 海晏村沟渠上覆水 E_h空间变化规律

二、上覆水氮形态时空分布

1. 上覆水氮形态季节性变化

海晏村沟渠上覆水各形态氮季节变化如图 4-4 所示，2015 年 10 月至 2016 年 7 月，总氮(total nitrogen，TN)呈现先升后降再上升的趋势，而氨氮(ammonia nitrogen，NH_3-N)呈现先降后升再下降的变化趋势。上覆水 TN 含量为 11.01～145.23mg・L^{-1}，最高值出现在 2016 年 7 月，最低值出现在 2015 年 10 月，且 2016 年 7 月 TN 含量显著高于其余 3 个季度。NH_3-N 含量为 2.72～9.71mg・L^{-1}，最高值出现在 2015 年 10 月，最低值出现在 2016 年 1 月。

4 月初(春季)温度逐渐上升，水体生物氨化作用增强，NH_3-N 含量增加，6 月开始降水量逐渐增加，水体污染物浓度被稀释，造成 NH_3-N 含量再次下降。阳宗海流域 6～8 月迎来雨季，临近农村沟渠污水中各污染物浓度理应随着降水量的增加而降低，但海晏村夏季 TN 含量不降反升，这可能与海晏村当地村民大量施用氮肥有关。

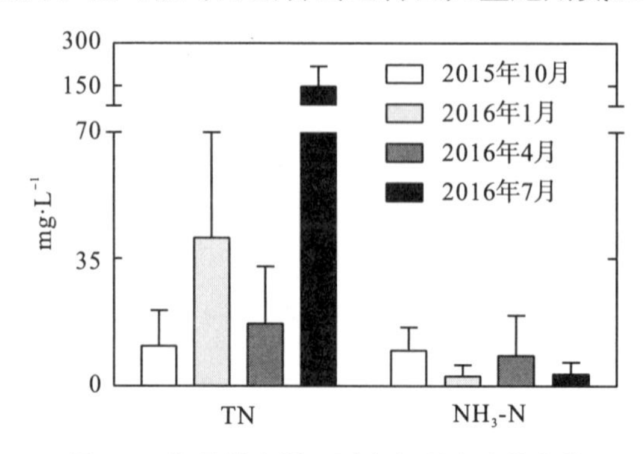

图 4-4 海晏村沟渠上覆水氮形态季节变化

2. 上覆水氮形态空间分布特征

海晏村沟渠上覆水各形态氮空间分布如图 4-5 所示。各采样点上覆水 TN 含量为 27.36～118.07mg・L^{-1}，平均值为 53.60mg・L^{-1}，最高值出现在 HY 散 3 点，最低值出现在 HY 合 4 点。上覆水 NH_3-N 含量为 0.78～16.39mg・L^{-1}，平均值为 5.91mg・L^{-1}，最高值出现在 HY 散 2 点，最低值出现在 HY 合 1 点。上覆水 TN 和 NH_3-N 空间分布均表现为分散点显著高于集合点。集合点 TN 和 NH_3-N 含量沿沟渠水流方向(HY 合 1→HY 合 5)均总体呈现递增趋势；而各分散点之间的 TN 和 NH_3-N 含量均没有显著的规律性。各采样点 TN 和 NH_3-N 年平均值均显著超过《地表水环境质量标准》V 类水限值(2.0mg・L^{-1})，只有 HY 合 1 点的 NH_3-N 含量属于 III 类水标准(1.0mg・L^{-1})。

总体分析，虽然水体流动会对污染物浓度起到一定的稀释作用，但氮元素的稀释作用可能弱于其蓄积能力，因此沿沟渠水流方向，TN 和 NH_3-N 含量逐渐上升。不同农户日常生产生活活动会不定时产生生活污水、废水，并随机排入沟渠中，在经过沟渠汇流、合流过程后，含量进一步降低，造成分散点氮含量分布不一。

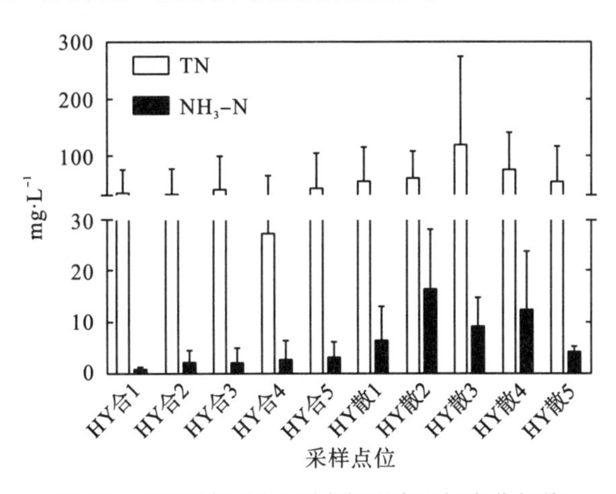

图 4-5　海晏村沟渠上覆水氮形态空间变化规律

三、上覆水磷含量时空分布

1. 上覆水磷形态季节性变化

海晏村沟渠上覆水各形态磷季节变化如图 4-6 所示，2015 年 10 月至 2016 年 7 月各形态磷均呈逐渐下降趋势。上覆水总磷(total phosphorus，TP)含量为 0.21～1.23mg・L^{-1}。溶解性总磷(dissolved total phosphorus，DTP)含量为 0.09～0.73mg・L^{-1}。正磷酸盐(PO_4^{3-}-P)含量为 0.09～0.77mg・L^{-1}。各形态磷最高值均出现在 2015 年 10 月，最低值均出现在 2016 年 7 月。6～8 月阳宗海流域为雨季，大量的降雨使沟渠中的污水被排入下游湖泊(阳宗海)，从而造成海晏村沟渠水体磷含量下降。

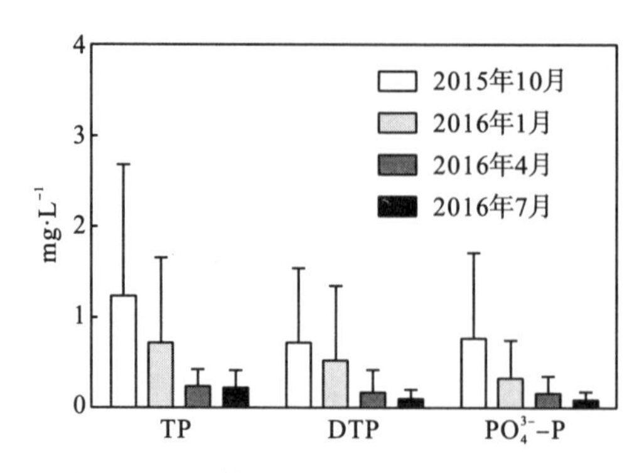

图 4-6 海晏村沟渠上覆水磷形态季节变化

2. 上覆水磷形态空间分布特征

海晏村沟渠上覆水各形态磷空间分布如图 4-7 所示。各采样点上覆水 TP 含量为 0.09～1.77mg·L^{-1}，平均值为 0.60mg·L^{-1}。上覆水 DTP 含量为 0.07～1.09mg·L^{-1}，平均值为 0.38mg·L^{-1}。上覆水 PO_4^{3-}－P 含量为 0.03～0.93mg·L^{-1}，平均值为 0.33mg·L^{-1}。上覆水 TP、DTP 和 PO_4^{3-}-P 空间分布均表现为分散点显著高于集合点；分散点各形态磷空间分布总体呈西部>东部。集合点 TP、DTP 和 PO_4^{3}-P 含量沿沟渠水流方向(HY 合 1 点→HY 合 5 点)均总体呈现递增趋势；TP、DTP 的最高值均出现在 HY 散 1 点，TP、DTP 和 PO_4^{3-}-P 最低值均出现在 HY 合 2 点，PO_4^{3}-P 最高值出现在 HY 散 3 点。各分散点 TP 年平均值均超过 V 类水限值(0.4mg·L^{-1})，而各集合点 TP 含量均低于 V 类水限值，个别点位还属于 II 类水标准(0.1mg·L^{-1})。

水体中的磷含量主要来源于村民厨房洗涤废水、日常洗衣废水等。分散点的水样是从各家各户刚排出的生活污水中采集的，还未经过一系列的迁移转化和稀释过程，因此其磷含量显著高于集合点处的磷含量。而西部地区由于人口较密集，日常清洗活动更为频繁，从而磷含量大于人口较少的东部地区。

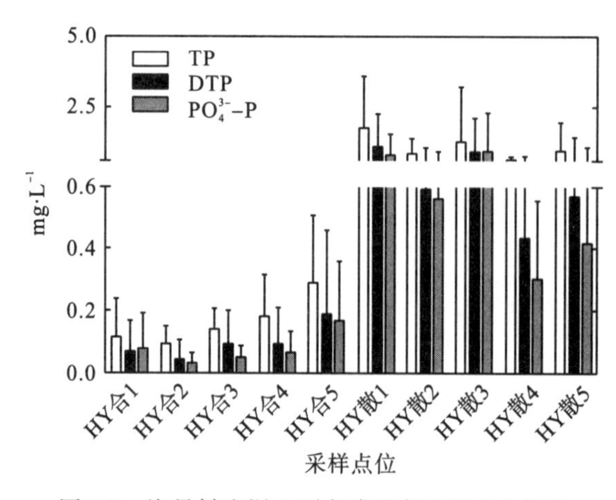

图 4-7 海晏村沟渠上覆水磷形态空间变化规律

四、上覆水 COD 时空分布

1. 上覆水 COD 季节性变化

海晏村沟渠上覆水化学需氧量(chemicaloxygendemand，COD)含量季节变化如图 4-8 所示，2015 年 10 月至 2016 年 7 月呈先下降后上升的趋势。上覆水 COD 含量为 154.50～329.31mg・L^{-1}，最高值出现在 2015 年 10 月，最低值出现在 2016 年 4 月。

COD 的来源主要是携带人类粪便的冲厕废水以及畜禽粪便的排放。海晏村是典型的传统种植型农村，受畜禽粪便污染影响较小，因此对其 COD 含量影响较大的主要是人口因素。海晏村秋季 COD 含量较高，可能是由于该季度村内常住人口较多。

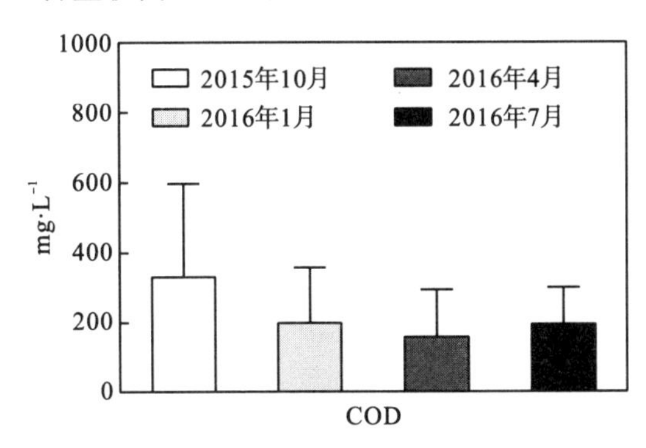

图 4-8 海晏村沟渠上覆水 COD 季节变化

2. 上覆水 COD 空间分布特征

海晏村沟渠上覆水 COD 空间分布如图 4-9 所示。上覆水 COD 含量为 73.16～385.84mg・L^{-1}，平均值为 218.20mg・L^{-1}，最高值出现在 HY 散 3 点，最低值出现在 HY 合 5 点，空间分布总体呈分散点显著高于集合点。集合点 COD 含量沿沟渠水流方向(HY 合 1 点→HY 合 5 点)总体呈现递减趋势，而各分散点之间没有显著的规律性。各采样点各季度 COD 含量均超过《地表水环境质量标准》V 类水限值(40mg・L^{-1})，部分样点甚至达到其几倍至几十倍。

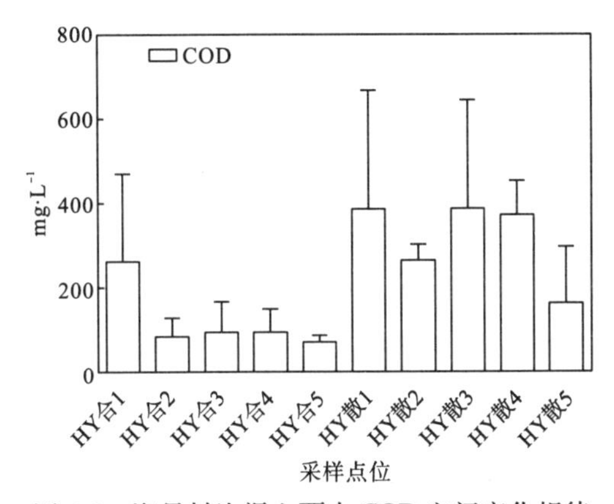

图 4-9 海晏村沟渠上覆水 COD 空间变化规律

分散点为各家各户房前屋后的排污水口，包括畜禽粪便、冲厕废水等污水和污染物直接排入沟渠，造成其COD含量显著高于集合点。此外，污水从支流进入干流后，由于流速较快，对污染物浓度起到一定的稀释作用，使得COD含量逐渐降低。

五、各水质指标之间的相互影响

为了更好地分析种植型农村的污水污染特征，本研究对海晏村各水质指标进行相关性分析，结果如表4-3所示。除TN和E_h外，绝大部分指标呈现较强的正相关，部分指标间达到了极显著水平($P<0.01$)。结合前文可知，TN与其余指标的变化特征不同，这很有可能与种植型农村村民施用氮肥有关。各磷形态之间均呈极显著正相关($P<0.01$)，说明各磷形态之间存在相互转化的可能；TN和NH_3-N的相关性不显著，这有待于进一步的深入研究。

表4-3 海晏村上覆水各指标间的相关性

	TN	NH_3-N	TP	DTP	$PO_4^{3-}-P$	COD	pH	E_h
TN	1							
NH_3-N	−0.009	1						
TP	−0.136	0.418**	1					
DTP	−0.128	0.429**	0.915**	1				
$PO_4^{3-}-P$	−0.137	0.511**	0.949**	0.914**	1			
COD	0.039	0.479**	0.763**	0.695**	0.767*	1		
pH	0.108	0.437**	0.377*	0.259	0.332*	0.326*	1	
E_h	−0.198	−0.103	−0.359*	−0.308	−0.383*	−0.393*	0.046	1

注：**在0.01水平(双侧)上显著相关($P<0.01$)；*在0.05水平(双侧)上显著相关($P<0.05$)。

第二节 底泥氮磷污染特征及分布规律

一、底泥氮形态时空分布

1. 底泥氮形态空间分布特征

海晏村沟渠底氮形态的空间分布如图4-10所示。不同形态氮的空间分布各不相同，w(TN)为2063.49～3521.76mg·kg^{-1}，平均值为2712.83mg·kg^{-1}，最高值出现在集合点(HY合3点)，最低值出现在分散点(HY散4点)。

w(TN)空间分布总体呈集合点(2870.24mg·kg^{-1})>分散点(2555.43mg·kg^{-1})，高值区主要分布在沟渠污染物汇集处(集合点)，各家各户村民(分散点)各自产生的污染物(生活污水、畜禽粪便、固体废弃物等)较为独立，但在沟渠内经过水动力作用汇流、合流后氮元素会逐渐蓄积，因此集合点w(TN)高于分散点。

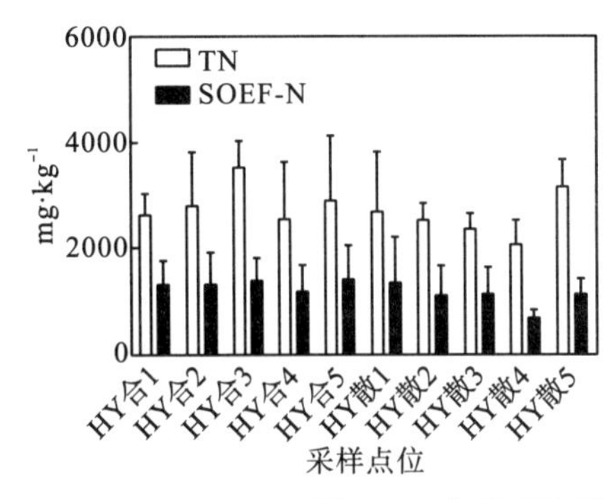

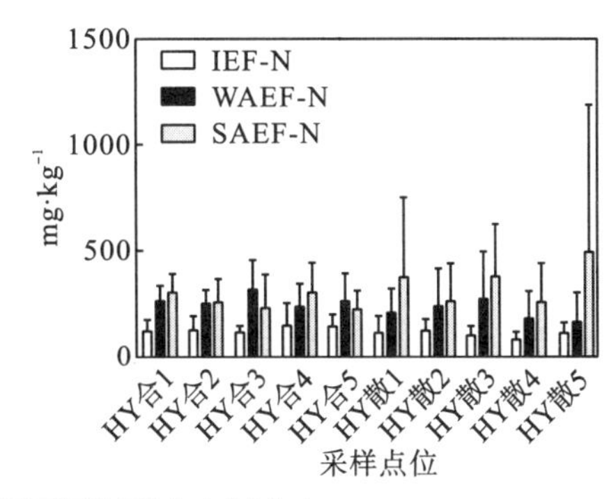

图 4-10 海晏村沟渠底泥不同氮形态空间分布

IEF-N 为最容易交换的氮形态，易释放，w(IEF-N)为 80.87～146.50mg·kg^{-1}，平均值为 117.59mg·kg^{-1}，与 w(TN)呈负相关($r=-0.218$)，最高值出现在集合点(HY 合 4 点)，最低值出现在分散点(HY 散 4 点)，空间分布总体表现为集合点(129.34mg·kg^{-1})>分散点(105.85mg·kg^{-1})。

WAEF-N 是溶解性有机物结合的有机氮及碳酸盐结合的无机氮，w(WAEF-N)为 160.28～317.45mg·kg^{-1}，平均值为 236.44mg·kg^{-1}，与 w(TN)呈正相关($r=0.035$)，最高值出现在集合点(HY 合 3 点)，最低值出现在分散点(HY 散 5 点)，空间分布总体呈集合点(263.47mg·kg^{-1})>分散点(209.40mg·kg^{-1})。

SAEF-N 是对氧化还原环境敏感的与铁锰化合物结合的氮形态，w(SAEF-N)为 222.86～492.36mg·kg^{-1}，平均值为 306.66mg·kg^{-1}，与 w(TN)呈正相关($r=0.048$)，最高值出现在分散点(HY 散 5 点)，最低值出现在集合点(HY 合 5 点)，空间分布总体呈分散点(351.20mg·kg^{-1})>集合点(262.13mg·kg^{-1})。

SOEF-N 主要是指与有机质和硫化物结合的氮形态，w(SOEF-N)为 666.85～1395.50mg·kg^{-1}，平均值为 1190.54mg·kg^{-1}，与 w(TN)呈极显著正相关($P<0.01$，$r=0.523$)，最高值出现在集合点(HY 合 5 点)，最低值出现在分散点(HY 散 4 点)，空间分布总体呈集合点(1310.05mg·kg^{-1})>分散点(1071.03mg·kg^{-1})。

总体来看，种植型农村沟渠底泥各形态氮含量大小依次为 w(SOEF-N)>w(WAEF-N)>w(SAEF-N)>w(IEF-N)，这与王圣瑞等(2015)研究结果相同，可见种植型农村沟渠底泥氮释放量较低，但生物可利用的 WAEF-N 的含量较高，因此种植型农村沟渠底泥氮存在一定的环境污染风险。

2. 底泥氮形态季节性变化

海晏村沟渠底泥不同形态氮季节变化如图 4-11 所示，2015 年 10 月至 2016 年 7 月 TN、SAEF-N 和 SOEF-N 均呈现先上升后下降的趋势，而 IEF-N 和 WAEF-N 均呈逐渐上升趋势。

w(TN)在冬季(2016 年 1 月)最高，在夏季(2016 年 7 月)最低，对各形态氮的季节性差异进行 Duncan 检验，可知 w(TN)夏季分别与秋季(2015 年 10 月)、春季(2016 年 4 月)和冬季均存在显著差异性($P<0.05$)，说明海晏村沟渠底泥 w(TN)季节性变化明显。海晏村临近阳宗海，6～8 月为雨季，沟渠底泥中大量污染物随雨水进入阳宗海，农村沟

渠内余留的氮含量就相对减少，从而造成夏季 w(TN)降低。

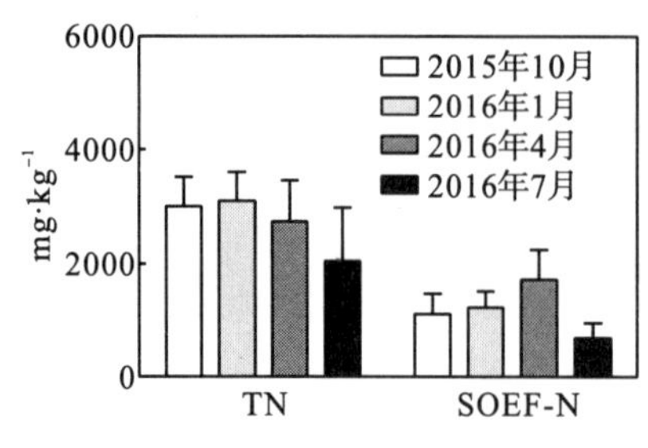

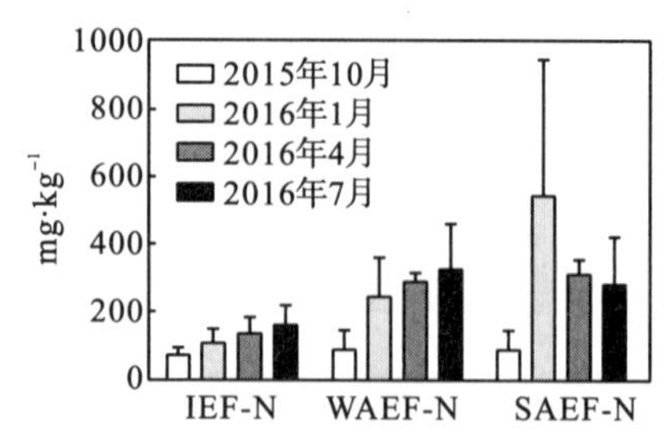

图 4-11　海晏村沟渠底泥不同形态氮季节性变化

w(IEF-N)在夏季最高，在秋季最低，由 Duncan 检验可知，w(IEF-N)秋季分别与春季和夏季均存在显著差异性($P<0.05$)。这可能是由于秋季海晏村的气候适宜沟渠内微生物的生长，底泥中的活性氮(IEF-N)在其生长过程中被吸收利用，从而使 w(IEF-N)降低。

w(WAEF-N)在夏季最高，在秋季最低，由 Duncan 检验可知，w(WAEF-N)秋季分别与春季、夏季和冬季均存在显著差异性($P<0.05$)。由于 WAEF-N 是生物可利用的氮形态，所以在不同环境条件下，生物对其吸收利用的含量各不相同，造成了不同季度 WAEF-N 存在差异。

w(SAEF-N)在冬季最高，在秋季最低，由 Duncan 检验可知，w(SAEF-N)冬季分别与春季、秋季和冬季均存在显著差异性($P<0.05$)。冬季水生植物凋亡，生物残体堆积于沟渠中，导致溶解氧含量下降，限制了底泥中铁锰氧化物结合态氮向活性氮的转化，造成 SAEF-N 蓄积，因此 w(SAEF-N)升高。

w(SOEF-N)在春季最高，在夏季最低，由 Duncan 检验可知，w(SOEF-N)夏季分别与春季、秋季和冬季均存在显著差异性($P<0.05$)。SOEF-N 为与有机质结合的氮形态，在从秋季到夏季的季节变化过程中，底泥有机质含量逐渐增加，因此造成 w(SOEF-N)在这一过程中逐渐升高。

3. 底泥各形态氮之间的相互影响

将沟渠底泥各形态氮的含量进行相关性分析，结果如表 4-4 所示。由表 4-4 可知，TN 和 SOEF-N 呈极显著正相关($P<0.01$)，说明 SOEF-N 对 TN 含量的分布影响较大；IEF-N 和 WAEF-N 呈极显著正相关($P<0.01$)，说明种植型农村沟渠底泥中 IEF-N 和 WAEF-N 的分布相互之间存在联系。其余各形态氮之间均无显著相关性，相互影响的程度较低。

表 4-4　海晏村沟渠底泥各形态氮之间的相关性

	TN	IEF-N	WAEF-N	SAEF-N	SOEF-N
TN	1				
IEF-N	−0.218	1			
WAEF-N	0.035	0.444**	1		

续表

	TN	IEF-N	WAEF-N	SAEF-N	SOEF-N
SAEF-N	0.048	0.111	0.059	1	
SOEF-N	0.523**	0.064	0.070	0.062	1

注：** 在 0.01 水平(双侧)上显著相关($P<0.01$)。

二、底泥磷形态时空分布

1. 底泥磷形态空间分布特征

海晏村沟渠底磷形态的空间分布如图 4-12 所示。不同形态磷的空间分布各不相同，w(TP)为 699.92～1546.47mg · kg^{-1}，平均值为 1130.93mg · kg^{-1}，最高值出现在分散点(HY 散 2 点)，最低值出现在集合点(HY 合 1 点)。

w(TP)空间分布总体呈分散点(1262.25mg · kg^{-1})>集合点(999.60mg · kg^{-1})，高值区主要分布在村民生活区域(分散点)，低值区基本分布在沟渠污染物汇集处(集合点)。

Labile-P 为底泥中最活跃的磷形态，w(Labile-P)为 11.52～45.79mg · kg^{-1}，平均值为 29.08mg · kg^{-1}，与 w(TP)呈极显著正相关($r=0.426$)，最高值出现在分散点(HY 散 2 点)，最低值出现在集合点(HY 合 1 点)，空间分布总体呈分散点(37.86mg · kg^{-1})>集合点(20.29mg · kg^{-1})。

RSP 是底泥可还原态无机磷，w(RSP)为 39.04～151.97mg · kg^{-1}，平均值为 100.80mg · kg^{-1}，与 w(TP)呈极显著正相关($r=0.496$)，最高值出现在集合点(HY 合 5 点)，最低值也出现在集合点(HY 合 1 点)，空间分布总体表现为集合点(99.37mg · kg^{-1})与分散点(102.23mg · kg^{-1})含量较接近。

Fe/Al-P 是底泥中铁铝氧化物结合态磷，w(Fe/Al-P)为 101.87～202.66mg · kg^{-1}，平均值为 140.86mg · kg^{-1}，与 w(TP)呈正相关($r=0.191$)，但相关系数较小，空间分布与 RSP 相似，也表现为集合点(143.25mg · kg^{-1})与分散点(138.48mg · kg^{-1})含量较接近。

Ca-P 是底泥中的钙结合态磷，活性较弱，w(Ca-P)为 198.86～455.70mg · kg^{-1}，平均值为 324.47mg · kg^{-1}，与 w(TP)呈极显著正相关($r=0.505$)，最高值出现在分散点(HY 散 1 点)，最低值出现在集合点(HY 合 1 点)，总体呈分散点(359.50mg · kg^{-1})>集合点(289.43mg · kg^{-1})。

总体来看，种植型农村沟渠底泥各形态磷含量大小依次为 w(Ca-P)>w(Fe/Al-P)>w(RSP)>w(Labile-P)，这与王圣瑞等(2015)研究结果相同，可见 Ca-P 是海晏村沟渠底泥中的主要磷形态。由于 Ca-P 活性较弱，不易释放，只有在酸性条件下溶解其中的钙才能释放出磷元素，而种植型农村沟渠上覆水属于弱碱性水体，所以种植型农村沟渠底泥磷释放风险不大。

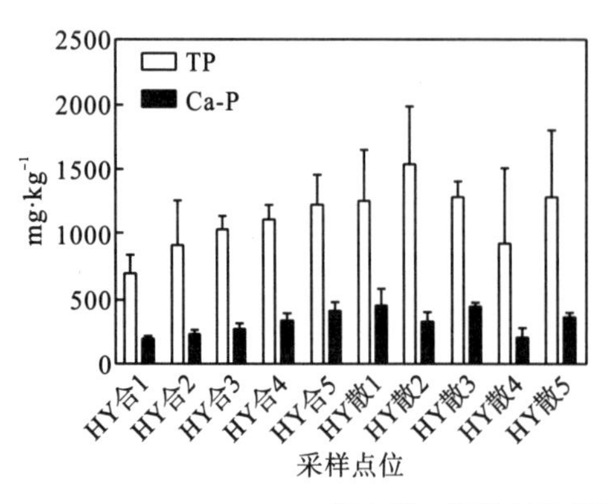

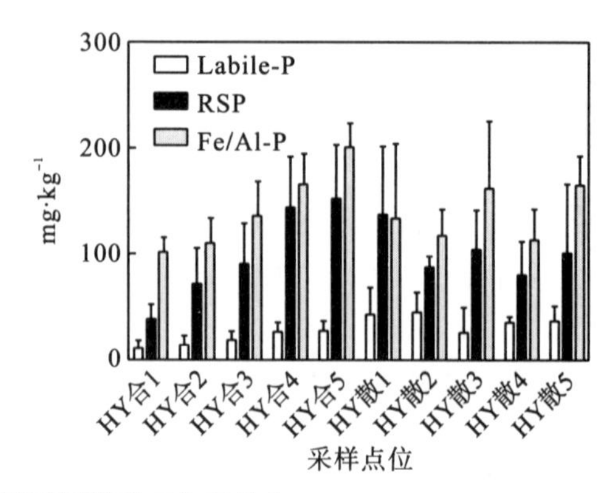

图 4-12 海晏村沟渠底泥不同磷形态空间分布

2. 底泥磷形态季节性变化

海晏村沟渠底泥不同形态磷季节变化如图 4-13 所示，2015 年 10 月至 2016 年 7 月 TP 和 RSP 均呈先降后升再下降的趋势，Labile-P 和 Ca-P 均呈先升后降的趋势，而 Fe/Al-P呈逐渐下降的趋势。

w(TP)在春季(2016 年 4 月)最高，在冬季(2016 年 1 月)最低，对各形态磷的季节性差异进行 Duncan 检验，可知 w(TP)春季分别与秋季(2015 年 10 月)、冬季和夏季(2016 年 7 月)均存在显著差异性($P<0.05$)，说明海晏村沟渠底泥 w(TP)季节性变化明显。2～4 月为旱季，相对于其余季节降水量较少，沟渠中污染物受雨水冲刷量较低，余留的磷含量就相对增高，从而造成春季 w(TP)上升。春季并不是 w(TN)最高的季节，这可能与氮元素比磷元素更易于参与底泥与上覆水的交换有关。

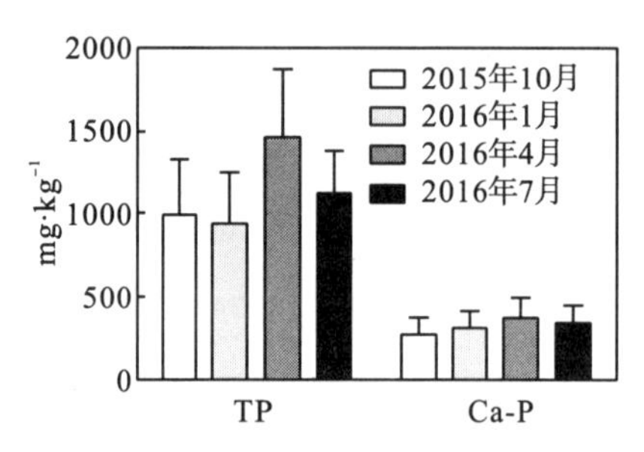

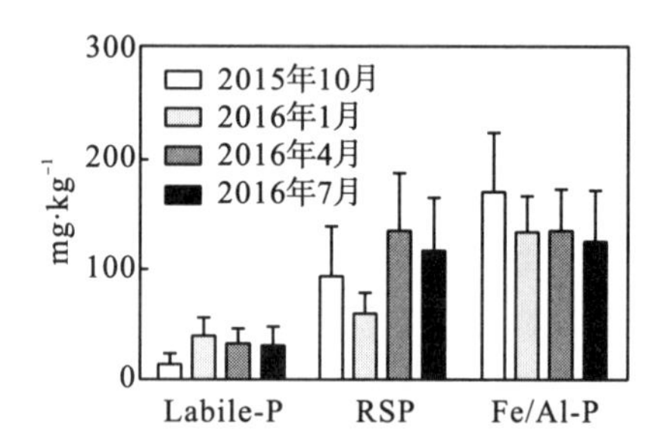

图 4-13 海晏村沟渠底泥不同形态磷季节性变化

w(Labile-P)在冬季最高，在秋季最低，Duncan 检验可知，w(Labile-P)秋季分别与春季、夏季和冬季均存在显著差异性($P<0.05$)，说明其季节性变化较明显，主要是因为 Labile-P 为底泥与上覆水体交换的主要磷形态。

w(RSP)在春季最高，在冬季最低，Duncan 检验可知，w(RSP)冬季与秋季无显著差异，但分别与春季和夏季均存在显著差异性($P<0.05$)。RSP 以铁结合态磷为主，上覆水含氧量低的条件利于其释放。秋冬季节，水生生物消亡，导致水体含氧量下降，这能促进 RSP 释放，导致 w(RSP)降低。

w(Fe/Al-P)在秋季最高，在夏季最低，Duncan 检验可知，w(Fe/Al-P)秋季与夏季存在显著差异性($P<0.05$)。

w(Ca-P)在春季最高，在秋季最低，Duncan检验可知，各季节之间w(Ca-P)均无显著差异性($P>0.05$)，说明种植型农村沟渠底泥中Ca-P是最为稳定的磷形态，受季节性变化的影响较小。

3. **底泥各形态磷之间的相互影响**

将沟渠底泥各形态磷的含量进行相关性分析，结果如表4-5所示。由表4-5可知，除Fe/Al-P外，TP与其余3类磷形态均呈极显著正相关($P<0.01$)，说明种植型农村沟渠底泥中Fe/Al-P对TP分布的影响较小。Labile-P和RSP均与Ca-P呈极显著正相关($P<0.01$)，说明在某种条件下，它们可以相互转化。

表4-5　海晏村沟渠底泥各形态磷之间的相关性

	TP	Labile-P	RSP	Fe/Al-P	Ca-P
TP	1				
Labile-P	0.426**	1			
RSP	0.496**	0.202	1		
Fe/Al-P	0.191	−0.246	0.352*	1	
Ca-P	0.505**	0.466**	0.664**	0.277	1

注：**在0.01水平(双侧)上显著相关($P<0.01$)；*在0.05水平(双侧)上显著相关($P<0.05$)。

第三节　底泥氮磷分布的影响因素分析

一、底泥有机质对氮磷分布的影响

1. **底泥有机质空间分布特征**

海晏村沟渠底TOM的空间分布如图4-14所示，w(TOM)为37.33～105.97g·kg^{-1}，平均值为72.95g·kg^{-1}，最高值出现在分散点(HY散2点)，最低值也出现在分散点(HY散4点)，空间分布总体表现为集合点(70.31g·kg^{-1})与分散点(75.58g·kg^{-1})含量较接近。

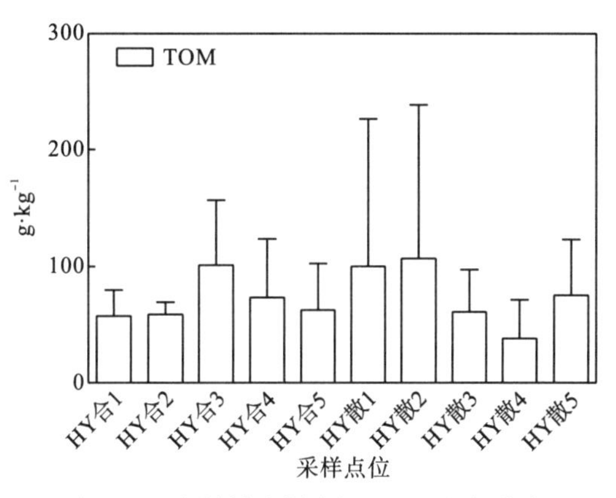

图4-14　海晏村沟渠底泥TOM空间分布

2. **底泥有机质季节性变化**

海晏村沟渠底泥 TOM 季节性变化如图 4-15 所示，2015 年 10 月至 2016 年 4 月表现为逐渐上升，但 2016 年 4 月至 2016 年 7 月呈急剧上升的趋势。对有机质的季节性差异进行 Duncan 检验，可知 w(TOM)夏季(2016 年 7 月)分别与秋季(2015 年 10 月)、冬季(2016 年 1 月)和春季(2016 年 4 月)均存在显著差异性(P<0.05)。

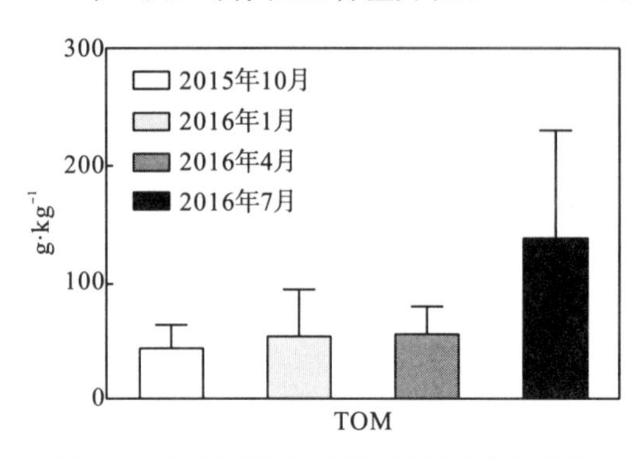

图 4-15 海晏村沟渠底泥 TOM 季节性变化

3. **底泥有机质对氮磷形态分布的影响**

将 TOM 含量与各形态氮进行相关性分析，相关系数依次为−0.265(TN)、0.318(IEF-N)、0.337(WAEF-N)、0.135(SAEF-N)、−0.333(SOEF-N)。其中与 IEF-N 和 WAEF-N 呈显著正相关(P<0.05)，说明种植型农村沟渠底泥中有机质的分布可能对 IEF-N 和 WAEF-N 的沉积有较大影响；与 SOEF-N 呈显著负相关(P<0.05)，说明种植型农村沟渠底泥中有机质的分布可能对 SOEF-N 的释放有较大影响。

将 TOM 含量与各形态磷进行相关性分析，相关系数依次为 0.064(TP)、0.261(Labile-P)、0.273(RSP)、−0.236(Fe/Al-P)、0.209(Ca-P)，相关性均不显著，说明种植型农村沟渠底泥磷形态的分布受底泥有机质的影响较小。

二、水质指标对底泥氮磷分布的影响

1. **上覆水氮磷对底泥氮磷分布的影响**

为了分析种植型农村沟渠水体与底泥污染物之间的关系，将海晏村沟渠上覆水氮和磷分别与底泥各形态氮和磷进行相关性分析，结果如表 4-6 和表 4-7 所示。

由表 4-6 可知，上覆水 TN 与底泥 TN 呈极显著负相关(P<0.01)，说明种植型农村沟渠底泥中释放出的氮元素均大量参与水体中的氮循环；而上覆水 TN 与 WAEF-N 呈极显著正相关(P<0.01)，说明对种植型农村沟渠水体 TN 贡献最大的底泥氮形态是 WAEF-N；上覆水 TN 与 SOEF-N 呈极显著负相关(P<0.01)，说明外源氮的输入可能会使种植型农村沟渠底泥 SOEF-N 释放。上覆水 NH_3-N 与 IEF-N 呈显著负相关(P<0.05)，说明种植型农村沟渠上覆水氨氮向下沉积可能会促使底泥中 IEF-N 的释放。

表 4-6　海晏村沟渠上覆水氮与底泥氮的相关性

	TN	IEF-N	WAEF-N	SAEF-N	SOEF-N
TN(水)	−0.469**	0.258	0.467**	0.112	−0.541**
NH_3-N	−0.126	−0.347*	−0.237	−0.194	−0.130

注：** 在 0.01 水平(双侧)上显著相关($P<0.01$)；* 在 0.05 水平(双侧)上显著相关($P<0.05$)。

由表 4-7 可知，Fe/Al-P 与上覆水各形态磷均呈极显著正相关($P<0.01$)，说明底泥 Fe/Al-P 的释放对上覆水磷含量有较大贡献，种植型农村沟渠水体中的磷含量主要来自 Fe/Al-P 的释放。

表 4-7　海晏村沟渠上覆水磷与底泥磷的相关性

	TP	Labile-P	RSP	Fe/Al-P	Ca-P
TP(水)	−0.007	−0.064	−0.149	0.470**	0.142
DTP	0.078	0.000	−0.148	0.436**	0.166
PO_4^{3-}−P	0.094	−0.107	−0.111	0.466**	0.185

注：** 在 0.01 水平(双侧)上显著相关($P<0.01$)。

2. 上覆水理化指标对底泥氮磷分布的影响

为进一步研究种植型农村沟渠底泥氮磷形态分布的影响因素，将海晏村沟渠上覆水 pH 和 E_h值分别与底泥氮磷形态进行相关性分析，结果如表 4-8 所示。由表 4-8 可知，pH 与底泥中各氮形态的相关性均不显著($P>0.05$)，说明种植型农村沟渠底泥中氮元素的迁移转化可能受水环境酸碱性影响较小；E_h与 WAEF-N 和 SOEF-N 呈显著正相关($P<0.05$)，说明种植型农村沟渠底泥中 WAEF-N 和 SOEF-N 受水环境的氧化还原条件影响较大。pH 和 E_h与底泥中各形态磷的相关性均不显著($P>0.05$)，说明种植型农村沟渠底泥中磷元素的迁移转化可能受水环境酸碱性及氧化还原条件影响较小。

表 4-8　海晏村沟渠上覆水理化指标与底泥氮磷的相关性

氮形态	pH	E_h	磷形态	pH	E_h
TN	−0.159	0.030	TP	0.152	−0.078
IEF-N	−0.053	0.164	Labile-P	0.051	−0.192
WAEF-N	−0.084	0.315*	RSP	0.046	0.162
SAEF-N	0.001	−0.094	Fe/Al-P	0.123	−0.026
SOEF-N	−0.200	0.391*	Ca-P	−0.026	−0.163

注：* 在 0.05 水平(双侧)上显著相关($P<0.05$)。

第四节 种植型农村环境污染风险评价

一、种植型农村污水污染风险评价

1. 评价方法

内梅罗指数法应用较广，该方法是一种兼顾极值和平均值的计权型多因子环境质量指数。内梅罗指数法可表示为

$$P_{ij}=\sqrt{\frac{(C_i/L_{ij})^2{}_{ij\max}+(C_i/L_{ij})^2{}_{ijave}}{2}}$$

式中，i 为水质项目数；j 为水质用途数(分为人类直接使用的、间接使用的、不接触使用的，共3种)；P_{ij} 为 j 用途 i 项目的内梅罗指数；C_i 为水中 i 项目的实测浓度，$mg \cdot L^{-1}$；L_{ij} 为 j 用途 i 项目的最大容许浓度，$mg \cdot L^{-1}$。一般取地表水Ⅲ类标准限值，本研究对象为农村污水，选取城镇污水处理厂排放标准一级B标(表4-9)。

表 4-9 污水排放标准($mg \cdot L^{-1}$)

指标	COD	TP	TN	NH_3-N
一级B标	60	1	20	15

根据内梅罗指数法计算出农村污水综合污染指数 P，对照内梅罗污染指数等级划分标准划分污染等级，如表4-10所示。

表 4-10 内梅罗污染指数等级划分标准

等级	优良	良好	较好	重污染	严重污染
P	<1	[1，2)	[2，3)	[3，5)	>=5

2. 评价结果

表4-11为各采样点的污染指数和水质等级。由表4-11可知，集合点污染指数均小于3，除HY合1点外，总体水质属于良好等级；分散点除HY散5点外污染指数均大于3，总体水质属于重污染等级；整体污染指数(各采样点平均值)为2.61，属于较好等级。说明海晏村污水水质总体较好，但分散点水污染较严重，集合点的水质显著优于分散点。

表 4-11 海晏村沟渠水污染指数及水质等级

集合点	P(水质等级)	分散点	P(水质等级)
HY合1	2.98(较好)	HY散1	3.89(重污染)
HY合2	1.41(良好)	HY散2	3.08(重污染)
HY合3	1.75(良好)	HY散3	3.75(重污染)
HY合4	1.51(良好)	HY散4	3.55(重污染)

续表

集合点	P(水质等级)	分散点	P(水质等级)
HY合5	1.83(良好)	HY散5	2.32(较好)
平均值	1.90(良好)	平均值	3.32(重污染)

二、种植型农村底泥污染风险评价

1. 评价方法

单因子评价法可以针对TN和TP作出较准确的底泥氮、磷污染风险评价，但该方法忽略了TOM指标，因此无法对有机质的污染程度进行评价；而有机质数法是利用TOM和TN的指标值通过有机碳和有机氮的百分比来评价底泥碳氮的污染状况。本研究将采用单因子评价法和有机指数法结合氮、磷和有机质对农村沟渠底泥的污染风险进行综合评价。

1)单因子评价法

单因子评价法通常用于评价单一因子的污染状况，计算公式为

$$S_i = C_i / C_s$$

式中，S_i为污染指数；C_i为评价因子i的实测值；C_s为评价因子i的评价标准值，本文以《沉积物质量指南》TN和TP分类标准的最低要求（TN=4800mg·kg^{-1}，TP=2000mg·kg^{-1}）为评价标准值。氮、磷污染评价标准见表4-12。

表4-12　底泥氮、磷污染评价标准

S_i	(0, 0.5)	[0.5, 1.0)	[1.0, 1.5)	[1.5, ∞)
污染程度	清洁	轻度污染	中度污染	重度污染

2)有机指数法

有机指数法的评价过程由下列计算公式构成：

OI(有机指数)=OC(%)×ON(%)

ON(有机氮)=TN(%)×0.95

OC(有机碳)=OM(%)/1.724

式中，OC为有机碳；ON为有机氮。有机指数的评价标准见表4-13。

表4-13　有机污染评价标准

项目	OI			
	<0.05	0.05～0.2	0.2～0.5	>=0.5
类型	清洁	轻度污染	中度污染	重度污染

2. 评价结果

将海晏村沟渠底泥各采样点w(TN)和w(TP)进行氮、磷污染指数的计算，从单一

元素的角度评价底泥的氮、磷污染状况，结果见表 4-14。

由表 4-14 可知，各采样点 TN 污染指数变化范围较大，为 0.43～0.73，除 HY 散 3 点和 HY 散 4 点外，其余采样点均属于轻度氮污染；TP 污染指数变化范围较大，除 HY 合 1 点和 HY 合 2 点外，其余采样点均属于轻度磷污染。海晏村整体氮、磷污染指数(各采样点平均值)均为 0.57，属于轻度污染水平，说明海晏村沟渠底泥氮、磷污染水平良好。

表 4-14 海晏村沟渠底泥氮磷污染等级

集合点	S_{TN}(污染等级)	S_{TP}(污染等级)	分散点	S_{TN}(污染等级)	S_{TP}(污染等级)
HY 合 1	0.55(轻度污染)	0.35(清洁)	HY 散 1	0.56(轻度污染)	0.63(轻度污染)
HY 合 2	0.58(轻度污染)	0.46(清洁)	HY 散 2	0.53(轻度污染)	0.77(轻度污染)
HY 合 3	0.73(轻度污染)	0.52(轻度污染)	HY 散 3	0.49(清洁)	0.65(轻度污染)
HY 合 4	0.53(轻度污染)	0.56(轻度污染)	HY 散 4	0.43(清洁)	0.46(清洁)
HY 合 5	0.60(轻度污染)	0.61(轻度污染)	HY 散 5	0.66(轻度污染)	0.64(轻度污染)
平均值	0.60(轻度污染)	0.50(轻度污染)	平均值	0.53(轻度污染)	0.63(轻度污染)

前文提到，单因子评价法忽略了 TOM 指标，从而无法进行有机污染评价，因此将各采样点的 w(OM)和 w(TN)进行有机指数及有机氮的计算，进一步评价底泥的有机污染状况，结果见表 4-15。

由表 4-15 可知，各采样点有机指数变化范围较大，最低值出现在 HY 散 4 点(0.42)，属于中度污染；最高值出现在 HY 合 3 点(1.95)，达到最低值的 4 倍，属于重度有机污染。各采样点有机污染指数变化范围较大，在 0.42～1.95 之间，平均值为 1.115，属于中度以上有机污染。

总体来看，虽然种植型农村沟渠底泥氮、磷污染程度较低，但由于有机污染程度(重度污染)较高，造成综合环境污染风险较高。

表 4-15 海晏村沟渠底泥有机污染等级

集合点	OI(污染等级)	分散点	OI(污染等级)
HY 合 1	0.82(重度污染)	HY 散 1	1.47(重度污染)
HY 合 2	0.90(重度污染)	HY 散 2	1.48(重度污染)
HY 合 3	1.95(重度污染)	HY 散 3	0.78(重度污染)
HY 合 4	1.03(重度污染)	HY 散 4	0.42(中度污染)
HY 合 5	0.98(重度污染)	HY 散 5	1.30(重度污染)
平均值	1.14(重度污染)	平均值	1.09(重度污染)

第五节　本章小结

一、水质特征

种植型农村沟渠水体 pH 较稳定，为 7～9，平均值为 7.82，属于弱碱性水体。pH 季节性变化与空间变化均不显著，但人口密集区显著高于人口稀少区，说明人类活动对水体酸碱度变化存在一定的影响。除极个别点位外，种植型农村 E_h值均为负值，说明海晏村沟渠水体整体属于还原性水体；E_h空间分布差异显著，各采样点 E_h值为－252.58～－8.00mV，说明不同生活生产方式对水环境的氧化还原电位影响较大；E_h值季节变化范围较大，最低值为－117.40mV，最高值为－48.80mV，平均值为－93.88mV，春季 E_h值最低，显著低于其余 3 个季度，说明春季种植型农村沟渠水体还原性较强。

种植型农村沟渠上覆水 TN 和 NH_3-N 含量分别为 11.01～145.23mg・L^{-1}和 2.72～9.71mg・L^{-1}，平均值分别为 53.60mg・L^{-1}和 5.91mg・L^{-1}，均存在显著的季节性差异；TN 和 NH_3-N 空间分布均存在显著差异性，均表现为分散点显著高于集合点。TP、DTP 和 PO_4^{3-}-P 含量分别为 0.21～1.23mg・L^{-1}、0.09～0.73mg・L^{-1}和 0.09～0.77mg・L^{-1}，平均值分别为 0.60mg・L^{-1}、0.38mg・L^{-1}和 0.33mg・L^{-1}，均存在显著的季节性差异，最高值均出现在秋季，最低值均出现在夏季；TP、DTP 和 PO_4^{3-}－P 空间分布均存在显著差异性，均表现为分散点显著高于集合点。COD 含量为 154.50～329.31mg・L^{-1}，平均值为 218.20mg・L^{-1}，季节性差异显著，最高值出现在秋季，最低值出现在春季；COD 空间分布差异显著，分散点显著高于集合点。TN、NH_3-N 和 COD 含量总体超越 V 类水标准，TP 属于 III 类水标准，水体氮含量和有机物含量严重超标。

上覆水 pH 与 NH_3-N、TP、PO_4^{3-}-P 和 COD 至少呈显著正相关，说明种植型农村沟渠水体酸碱度对污染物及其浓度变化的影响较大；E_h与 TP、PO_4^{3-}-P 和 COD 呈显著负相关，说明上覆水氧化还原条件对磷含量与有机物含量变化影响较大。

二、底泥污染特征

种植型农村沟渠底泥 w(TN)为 2063.49～3521.76mg・kg^{-1}，平均值为 2712.83mg・kg^{-1}，空间分布总体呈集合点>分散点，高值区主要分布在中部干流沟渠。底泥各赋存形态氮含量大小依次为 w(SOEF-N)>w(WAEF-N)>w(SAEF-N)>w(IEF-N)，集合点 w(IEF-N)、w(WAEF-N)和 w(SOEF-N)含量较高，分散点 w(SAEF-N)较高。种植型农村底泥氮含量季节性变化显著。

w(TP)为 699.92～1546.47mg・kg^{-1}，平均值为 1130.93mg・kg^{-1}，空间分布总体呈分散点>集合点，高值区主要分布在各散户房前屋后排污口处。底泥各赋存形态磷含量大小依次为 w(Ca-P)>w(Fe/Al-P)>w(RSP)>w(Labile-P)，分散点 w(Labile-P)和

w(Ca-P)较高，w(RSP)和 w(Fe/Al-P)在集合点与分散点之间差异不显著。除 w(Ca-P)外，种植型农村沟渠底泥磷含量均存在显著的季节性差异。

w(TOM)为 37.33～105.97g・kg^{-1}，平均值为 72.95g・kg^{-1}，各采样点之间空间分布差异不显著，但季节性差异显著，夏季 w(TOM)最高。底泥中 TOM 与 IEF-N 和 WAEF-N 呈显著正相关，与 SOEF-N 呈显著负相关，说明种植型农村沟渠底泥中 TOM 的分布可能对 IEF-N 和 WAEF-N 的沉积有较大影响，且可能对 SOEF-N 的释放有较大影响。

种植型农村上覆水各水质指标与底泥氮、磷形态的相关性差异较大，说明各形态氮、磷受水环境因子的影响各不相同，需要做进一步研究。

三、环境风险评价

种植型农村污水水质总体较好，但分散点水污染较严重，集合点的水质显著优于分散点。底泥氮、磷污染程度较轻，但由于较严重的有机污染水平，造成整体污染程度较高。

第五章　近郊型农村污染现状及污染物分布规律

近郊型农村大营村的采样点位如图 5-1 所示，各个采样点均采集表层水样和底泥样，每个季节(1、4、7、10 月)各采一次样，对全村沟渠水质及底泥进行检测，水质和底泥全量的分析参照国家标准方法，底泥氮磷形态参照经典文献方法。

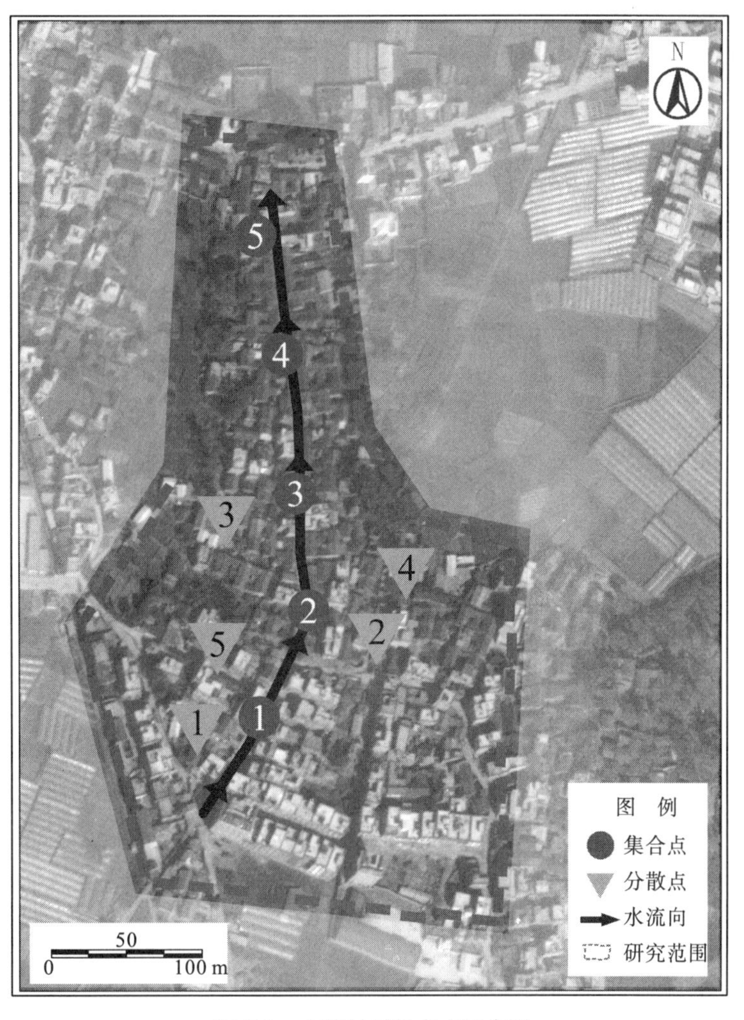

图 5-1　大营村采样布点示意图

第一节 水环境污染特征及分布规律

一、上覆水理化特征及演变

1. 上覆水 pH 时空分布

1)上覆水 pH 季节性变化

大营村沟渠上覆水不同季节 pH 如表 5-1 所示。全年 pH 为 6.68～9.39，最高值出现在 2016 年 7 月，最低值出现在 2016 年 4 月。各季度平均值呈先下降后上升趋势，分为 2 个阶段，2015 年 10 月至 2016 年 4 月(分别为秋季、冬季、春季)为下降期，2016 年 4 月至 2016 年 7 月为上升期。总体来看，大营村沟渠上覆水 pH 存在一定的季节性差异，夏季较高，但整体为 7～9，属于弱碱性水体。

表 5-1 大营村上覆水不同季节 pH

采样点	2015 年 10 月	2016 年 1 月	2016 年 4 月	2016 年 7 月
DY 合 1	7.83	7.57	7.33	7.27
DY 合 2	7.82	7.24	7.11	7.85
DY 合 3	7.23	6.88	6.68	7.32
DY 合 4	7.58	7.46	6.85	7.10
DY 合 5	7.72	8.03	7.50	8.20
DY 散 1	8.49	7.32	7.69	8.07
DY 散 2	8.04	7.46	8.34	7.60
DY 散 3	7.90	8.06	7.44	8.37
DY 散 4	6.96	7.78	7.35	7.85
DY 散 5	7.84	7.95	8.80	9.39
平均值	7.74	7.57	7.51	7.90

2)上覆水 pH 空间分布特征

大营村沟渠上覆水 pH 空间变化如图 5-2 所示。各采样点上覆水 pH 为 7.02～8.49，平均值为 7.68，最高值出现在 DY 散 5 点，最低值出现在 DY 合 3 点，分散点 pH 显著高于集合点。分散点人口密集，生活污水及污染物(油脂类等有机污染物)含量较高，引起 pH 较高；集合点是一条河流沟渠，常年处于流动状态，水体较为清澈，pH 较低。

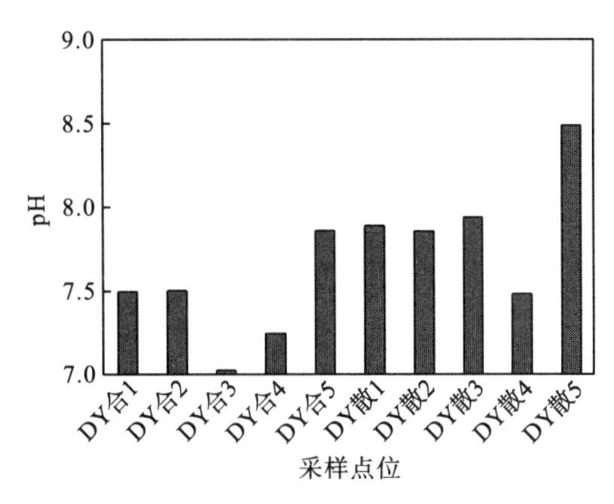

图 5-2 大营村沟渠上覆水 pH 空间变化规律

2. 上覆水 E_h 值时空分布

1)上覆水 E_h 值季节性变化

大营村沟渠上覆水不同季节 E_h 值如表 5-2 所示。全年 E_h 值为−348.75～19.30mV，最高值出现在 2016 年 7 月，最低值出现在 2015 年 10 月。各季度平均值从 2015 年 10 月至 2016 年 7 月呈逐渐上升趋势。总体来看，除 2016 年 7 月极个别点位外，大营村沟渠上覆水 E_h 均呈现负值，为还原性水体，且秋季水体还原性较强。

表 5-2 大营村上覆水不同季节 E_h 值(mV)

采样点	2015 年 10 月	2016 年 1 月	2016 年 4 月	2016 年 7 月
DY 合 1	−232.60	−137.00	−99.20	−69.40
DY 合 2	−277.00	−141.55	−125.15	−157.05
DY 合 3	−279.65	−186.30	−308.90	−173.70
DY 合 4	−219.40	−251.60	−232.40	−158.60
DY 合 5	−149.45	−142.45	−172.55	−120.45
DY 散 1	−244.40	−154.50	−168.80	19.30
DY 散 2	−103.95	−124.15	−30.05	6.20
DY 散 3	−174.55	−109.15	−71.40	−11.05
DY 散 4	−348.75	−135.30	−183.85	−144.50
DY 散 5	−243.25	−242.05	−119.55	−100.00
平均值	−227.30	−162.41	−151.19	−90.93

2)上覆水 E_h 值空间分布特征

大营村沟渠上覆水 E_h 值空间变化如图 5-3 所示。各采样点上覆水 E_h 值为−237.14～−62.99mV，平均值为−157.95mV，最高值出现在 DY 散 2 点，最低值出现在 DY 合 3 点，整体呈分散点显著高于集合点。

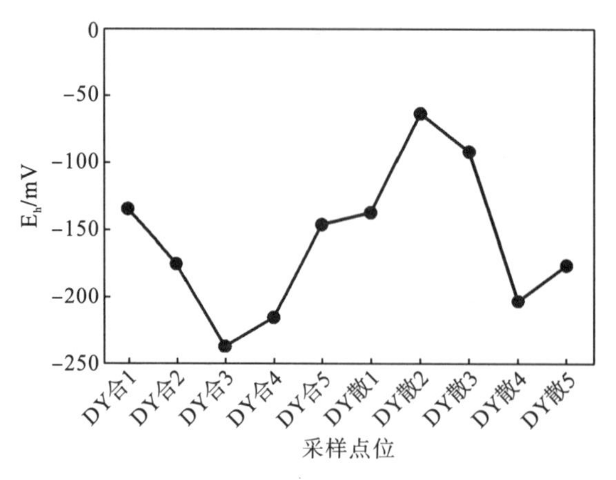

图 5-3 大营村沟渠上覆水 E_h空间变化规律

二、上覆水氮形态时空分布

1. 上覆水氮形态季节性变化

大营村沟渠上覆水各形态氮季节变化如图 5-4 所示，2015 年 10 月至 2016 年 7 月 TN 呈现逐渐上升的趋势，而 NH_3-N 的季节性变化不显著。上覆水 TN 含量为 22.98～845.00mg·L^{-1}，最高值出现在 2016 年 7 月，最低值出现在 2015 年 10 月，且 2016 年 7 月 TN 含量显著高于其余 3 个季度。NH_3-N 含量为 9.41～12.48mg·L^{-1}，最高值出现在 2016 年 4 月，最低值出现在 2016 年 1 月。

大营村的 NH_3-N 季节变化趋势与海晏村相似：4 月初(春季)温度逐渐上升，水体生物氨化作用增强，NH_3-N 含量增加，6 月开始降水量逐渐增加，水体污染物浓度被稀释，造成 NH_3-N 含量再次下降。阳宗海流域 6～8 月迎来雨季，临近农村沟渠污水中各污染物浓度随着降水量的增加而降低，与海晏村相似，大营村 TN 含量在夏季达到最大值，这可能与当地村民的特殊生产生活方式有关。

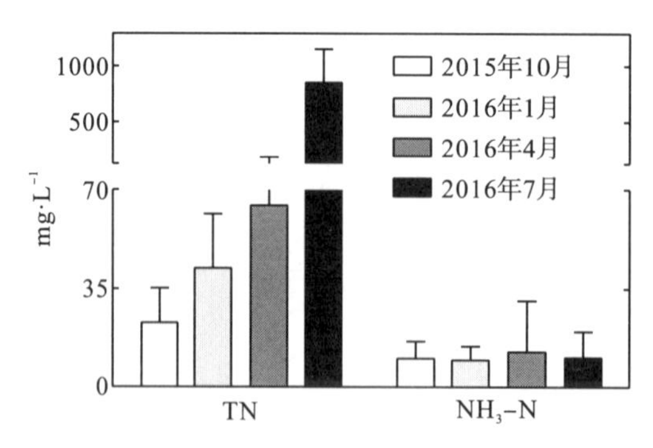

图 5-4 大营村沟渠上覆水氮形态季节变化

2. 上覆水氮形态空间分布特征

大营村沟渠上覆水各形态氮空间分布如图 5-5 所示。上覆水 TN 含量为 137.87～

474.08mg・L^{-1}，平均值为 243.71mg・L^{-1}，最高值出现在 DY 散 1 点，最低值出现在 DY 散 3 点。上覆水 NH_3-N 含量为 1.35～27.06mg・L^{-1}，平均值为 10.62mg・L^{-1}，与 TN 的空间分布一致，最高值出现在 DY 散 1 点，最低值出现在 DY 散 3 点。上覆水 TN 和NH_3-N空间分布均整体表现为集合点显著高于分散点，但最高值均出现在分散点(DY 散 1 点)。集合点 TN 和 NH_3-N 含量较为稳定，各集合点间无显著差异；而各分散点之间的 TN 和 NH_3-N 含量差异性较大，均没有显著的规律性。除 DY 散 2 点和 DY 散 3 点的 NH_3-N 含量属于《地表水环境质量标准》V 类水标准(2.0mg・L^{-1})外，其余各采样点 TN 和 NH_3-N 年平均值均显著超过 V 类水限值。

总体分析，分散点农户排出的各类污染物经沟渠汇流、河流之后进入干流沟渠(集合点)，由于污染物的蓄积作用大于水体的稀释作用，造成集合点氮含量显著高于分散点，而 DY 散 1 点处附近的农户可能当时正在大量排放生活污染物，造成其氮含量显著高于其余采样点。

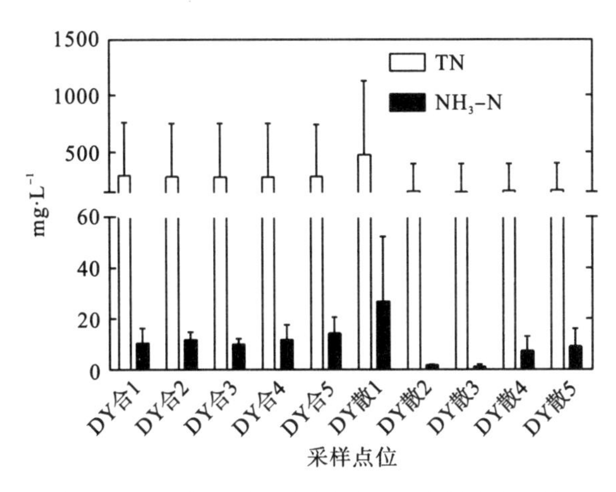

图 5-5　大营村沟渠上覆水氮形态空间变化规律

三、上覆水磷含量时空分布

1. 上覆水磷形态季节性变化

大营村沟渠上覆水各形态磷季节变化如图 5-6 所示，2015 年 10 月至 2016 年 7 月 TP 呈逐渐下降趋势，而 DTP 和 PO_4^{3-}-P 含量较为平稳，季节性变化不显著。上覆水 TP 含量为 0.96～1.25mg・L^{-1}，最高值出现在秋季，最低值出现在夏季。DTP 含量为 0.74～0.91mg・L^{-1}，最高值出现在秋季，最低值出现在春季。PO_4^{3-}-P 含量为 0.72～0.83mg・L^{-1}，最高值出现在夏季，最低值出现在秋季。6～8 月阳宗海流域为雨季，大量的降雨使沟渠中的污水被排入下游湖泊(阳宗海)，与海晏村一致，位于阳宗海流域的大营村在夏季沟渠水体磷含量较低。

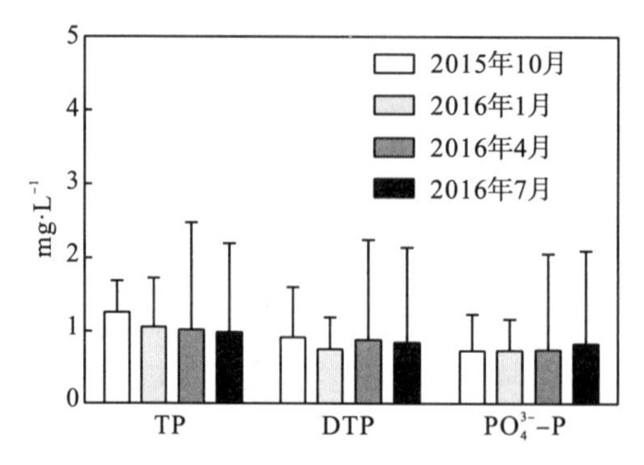

图 5-6 大营村沟渠上覆水磷形态季节变化

2. 上覆水磷形态空间分布特征

大营村沟渠上覆水各形态磷空间分布如图 5-7 所示。上覆水 TP 含量为 0.23～2.87mg·L^{-1}，平均值为 1.07mg·L^{-1}。上覆水 DTP 含量为 0.10～2.64mg·L^{-1}，平均值为 0.83mg·L^{-1}。上覆水 PO_4^{3-}－P 含量为 0.12～2.50mg·L^{-1}，平均值为 0.75mg·L^{-1}。上覆水 TP、DTP 和 PO_4^{3-}－P 最高值均出现在 DY 散 1 点，最低值均出现在 DY 散 2 点。与氮形态的情况相似，磷形态的空间分布总体表现为集合点高于分散点，但 DY 散 1 点显著高于其余采样点。除 DY 散 2 点外，其余采样点 TP 年平均值均超过 V 类水限值(0.4mg·L^{-1})。

总体分析，与氮元素相似，由于污染物的蓄积作用大于水体的稀释作用，造成集合点氮含量显著高于分散点，而 DY 散 1 点处附近的农户可能当时正在大量排放生活污染物，造成其磷含量显著高于其余采样点。

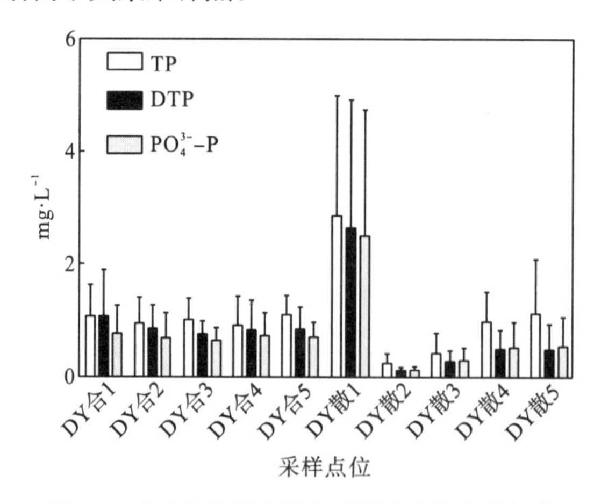

图 5-7 大营村沟渠上覆水磷形态空间变化规律

四、上覆水 COD 时空分布

1. 上覆水 COD 季节性变化

大营村沟渠上覆 COD 含量季节变化如图 5-8 所示，2015 年 10 月至 2016 年 7 月呈先上升后下降的趋势。上覆水 COD 含量为 179.45～416.24mg・L^{-1}，最高值出现在 2016 年 1 月，最低值出现在 2016 年 7 月。大营村是典型的集镇近郊型农村，畜禽养殖规模较低，与海晏村相似，人口是影响 COD 含量的主要因素，春季 COD 含量较高，可能是由该季度村内常住人口较多引起的。

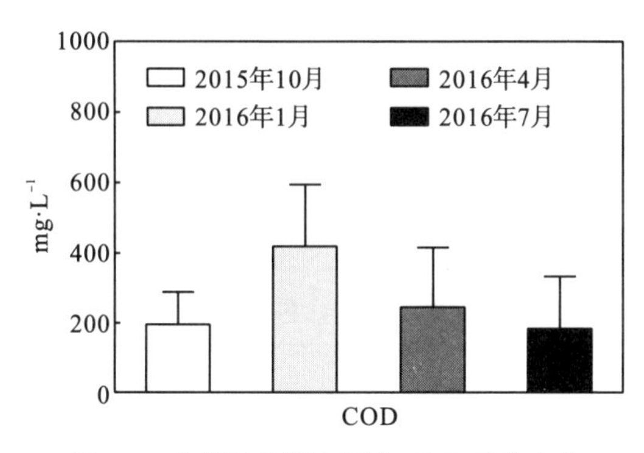

图 5-8　大营村沟渠上覆水 COD 季节变化

2. **上覆水 COD 空间分布特征**

大营村沟渠上覆水 COD 空间分布如图 5-9 所示。上覆水 COD 含量为 55.81～444.16mg・L^{-1}，平均值为 258.04mg・L^{-1}，最高值出现在 DY 散 1 点，最低值出现在 DY 散 2 点，空间分布总体呈集合点显著高于分散点。各采样点各季度 COD 含量均超过《地表水环境质量标准》V 类水限值(40mg・L^{-1})，部分采样点甚至达到其几倍至几十倍。

与氮、磷元素相似，大营村 COD 含量的最高值出现在 DY 散 1 点，且显著高于其余采样点，可能是由 DY 散 1 点处附近的农户当时正在大量排放污染物所引起的。而分散点污染物在经过沟渠水体的汇流、合流之后进入干流，受到水体的稀释作用，且该作用大于污染物在水中的蓄积作用，从而使其含量逐渐降低，造成集合点 COD 含量总体高于分散点。

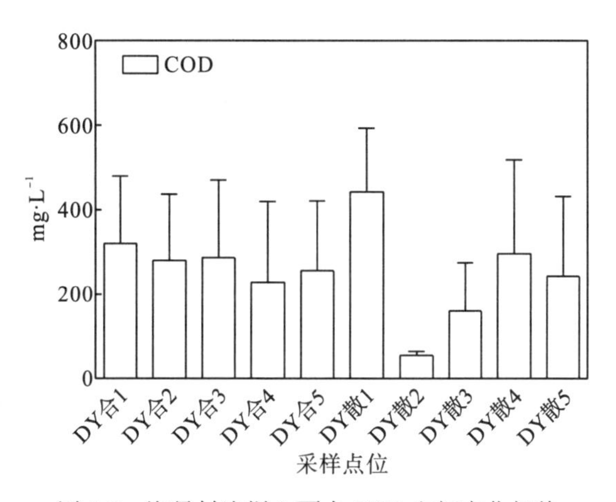

图 5-9　海晏村沟渠上覆水 COD 空间变化规律

五、各水质指标之间的相互影响

为了更好地分析近郊型农村的污水污染特征，本研究对大营村各水质指标进行相关性分析，结果如表5-3所示。除TN、pH和E_h外，其余各指标间均呈现极显著正相关($P<0.01$)。pH与其余各指标的相关性不强，说明近郊型农村沟渠水体酸碱度对各水质指标的影响较小；各磷形态之间均呈极显著正相关($P<0.01$)，说明各磷形态之间存在相互转化的可能；PO_4^{3-}-P与TN呈显著正相关($P<0.05$)，说明沟渠水体TN与PO_4^{3-}-P的分布可能存在相互影响。

表5-3 大营村上覆水各指标间的相关性

	TN	NH_3-N	TP	DTP	PO_4^{3-}-P	COD	pH	E_h
TN	1							
NH_3-N	0.265	1						
TP	0.207	0.824**	1					
DTP	0.286	0.855**	0.951**	1				
PO_4^{3-}-P	0.338*	0.846**	0.957**	0.985**	1			
COD	−0.091	0.467**	0.607**	0.564**	0.569**	1		
pH	0.134	0.053	0.018	0.019	0.054	−0.092	1	
E_h	0.432**	−0.069	−0.111	−0.002	0.054	−0.129	0.381*	1

注：**在0.01水平(双侧)上显著相关($P<0.01$)；*在0.05水平(双侧)上显著相关($P<0.05$)。

第二节 底泥氮磷污染特征及分布规律

一、底泥氮形态时空分布

1. 底泥氮形态空间分布特征

大营村沟渠底氮形态的空间分布如图5-10所示。不同形态氮的空间分布各不相同，w(TN)为2486.40～4935.43mg·kg^{-1}，平均值为3451.58mg·kg^{-1}，最高值出现在分散点(DY散3点)，最低值也出现在分散点(DY散4点)。

w(TN)空间分布总体呈集合点(3620.64mg·kg^{-1})>分散点(3282.52mg·kg^{-1})，高值区主要分布在沟渠污染物汇集处(集合点)，各家各户村民(分散点)各自产生的污染物(生活污水、畜禽粪便、固体废弃物等)较独立，但在沟渠内经过水动力作用汇流、合流后氮元素会逐渐蓄积，因此集合点w(TN)高于分散点。

w(IEF-N)为88.28～234.97mg·kg^{-1}，平均值为159.01mg·kg^{-1}，与w(TN)呈正相关(r=0.161)，最高值出现在集合点(DY合5点)，最低值出现在分散点(DY散2点)，空间分布总体表现为集合点(186.73mg·kg^{-1})>分散点(131.29mg·kg^{-1})。

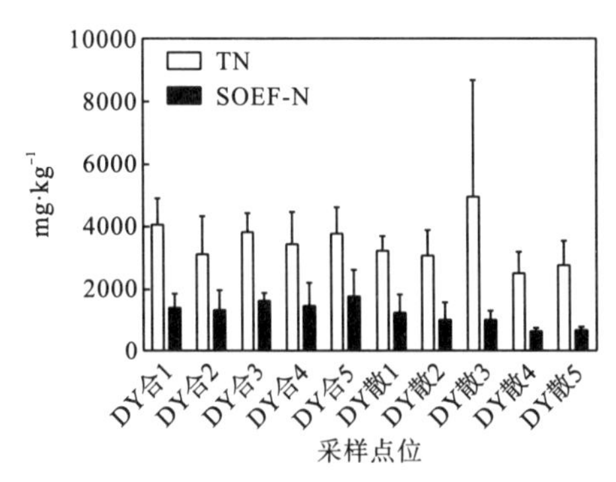

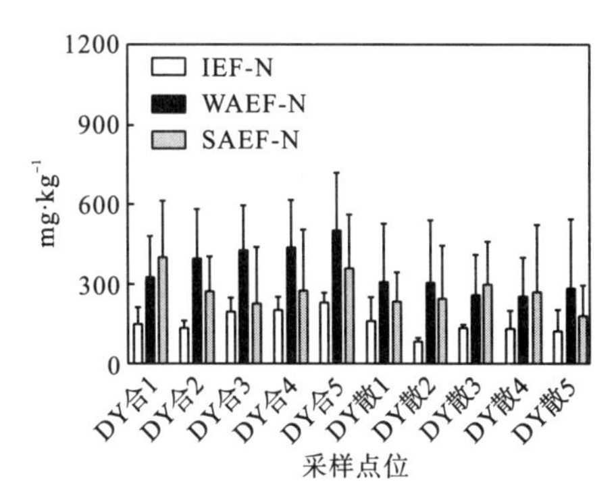

图 5-10　大营村沟渠底泥不同氮形态空间分布

w(WAEF-N)为 254.99～501.78mg·kg^{-1}，平均值为 351.58mg·kg^{-1}，与 w(TN)呈正相关(r=0.036)，最高值出现在集合点(DY 合 5 点)，最低值出现在分散点(DY 散 4 点)，空间分布总体呈集合点(418.66mg·kg^{-1})>分散点(284.50mg·kg^{-1})。

w(SAEF-N)为 184.20～404.35mg·kg^{-1}，平均值为 276.09mg·kg^{-1}，与 w(TN)呈正相关(r=0.072)，最高值出现在集合点(DY 合 1 点)，最低值出现在分散点(DY 散 5 点)，空间分布总体呈集合点(310.75mg·kg^{-1})>分散点(250.06mg·kg^{-1})。

w(SOEF-N)为 624.61～1730.22mg·kg^{-1}，平均值为 1191.64mg·kg^{-1}，与 w(TN)呈正相关(r=0.141)，最高值出现在集合点(DY 合 5 点)，最低值出现在分散点(DY 散 4 点)，空间分布总体呈集合点(1485.47mg·kg^{-1})>分散点(897.80mg·kg^{-1})。

总体来看，近郊型农村沟渠底泥各形态氮含量大小依次为 w(SOEF-N)>w(WAEF-N)>w(SAEF-N)>w(IEF-N)，这与种植型农村的结果相同。集合点各形态氮含量均显著高于分散点，说明近郊型农村沟渠底泥氮在底泥中会不断蓄积，其蓄积能力高于释放能力。由于生物可利用的 WAEF-N 的含量较高，存在一定的氮污染风险。

2. 底泥氮形态季节性变化

大营村沟渠底泥不同形态氮季节变化如图 5-11 所示，2015 年 10 月至 2016 年 7 月 TN 呈现先降后升的趋势，IEF-N 呈逐渐上升趋势，WAEF-N 呈先升后降再升的趋势，SOEF-N 呈现先升后降的趋势，SAEF-N 呈现先升后降再升的趋势。

w(TN)在夏季(2016 年 7 月)最高，在冬季(2016 年 1 月)最低，对各形态氮的季节性差异进行 Duncan 检验，可知 w(TN)各季节之间均无显著差异性(P>0.05)，说明大营村沟渠底泥 w(TN)季节性变化不显著。

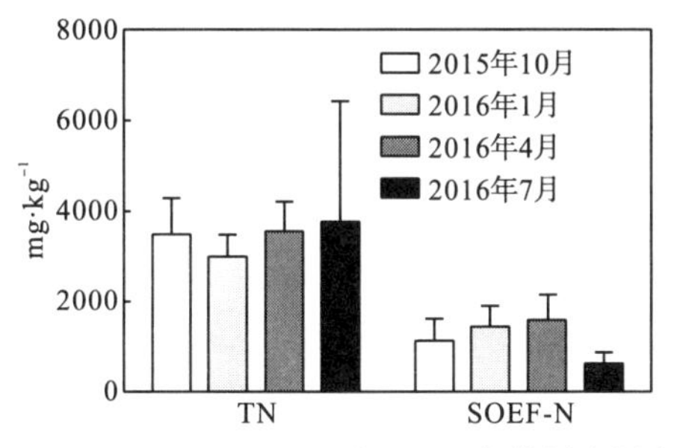

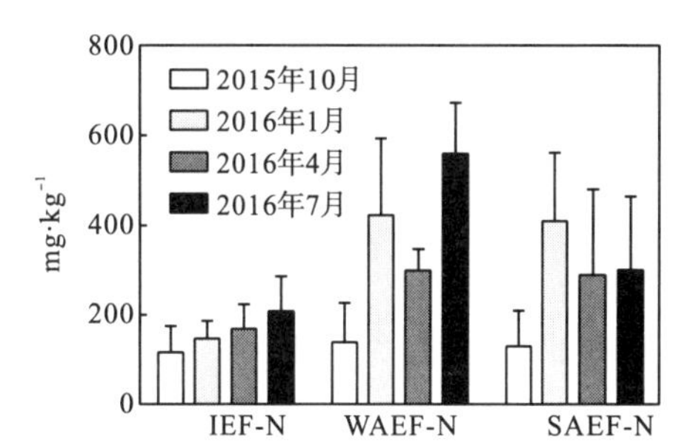

图 5-11　大营村沟渠底泥不同形态氮季节性变化

w(IEF-N)在夏季最高，在秋季(2015 年 10 月)最低，由 Duncan 检验可知，w(IEF-N)夏季与秋季和冬季存在显著差异性($P<0.05$)。这可能是由于秋季大营村沟渠内植物和微生物的生长旺盛，底泥中的活性氮(IEF-N)在其生长过程中被吸收利用，从而使w(IEF-N)降低。

w(WAEF-N)在夏季最高，在秋季最低，由 Duncan 检验可知，w(WAEF-N)在各个季节之间均存在显著差异性($P<0.05$)。由于 WAEF-N 是生物可利用的氮形态，所以在不同环境条件下，生物对其吸收利用的含量各不相同，造成了不同季度 WAEF-N 的含量存在差异。

w(SAEF-N)在冬季最高，在秋季最低，由 Duncan 检验可知，w(SAEF-N)秋季分别与春季(2016 年 4 月)、夏季和冬季均存在显著差异性($P<0.05$)。冬季水生植物凋亡，生物残体堆积于沟渠中，导致溶解氧含量下降，限制了底泥中铁锰氧化物结合态氮向活性氮的转化，造成 SAEF-N 蓄积，因此 w(SAEF-N)升高。

w(SOEF-N)在春季最高，在夏季最低，由 Duncan 检验可知，w(SOEF-N)夏季分别与春季、秋季和冬季均存在显著差异性($P<0.05$)。SOEF-N 受外源氮影响较大，夏季近郊型农村外源氮输入量最大，但 w(SOEF-N)却为最低，目前尚无法解释这一现象，这需要进一步的深入研究加以验证。

3. 底泥各形态氮之间的相互影响

将沟渠底泥各形态氮的含量进行相关性分析，结果如表 5-4 所示。由表 5-4 可知，IEF-N 与 WAEF-N 呈极显著正相关($P<0.01$)，WAEF-N 与 SAEF-N 呈极显著正相关($P<0.01$)，说明近郊型农村沟渠底泥中 WAEF-N 分别与 IEF-N 和 SAEF-N 之间联系密切；而其余各形态氮之间均无显著的相关性($P>0.05$)，说明相互影响程度较小。

表 5-4 大营村沟渠底泥各形态氮之间的相关性

	TN	IEF-N	WAEF-N	SAEF-N	SOEF-N
TN	1				
IEF-N	0.161	1			
WAEF-N	0.036	0.549**	1		
SAEF-N	0.072	0.168	0.436**	1	
SOEF-N	0.141	0.160	−0.029	0.225	1

注：** 在 0.01 水平(双侧)上显著相关($P<0.01$)。

二、底泥磷形态时空分布

1. 底泥磷形态空间分布特征

大营村沟渠底磷形态的空间分布如图 5-12 所示。不同形态磷的空间分布各不相同，w(TP)为 1453.63～2104.46mg・kg^{-1}，平均值为 1732.37mg・kg^{-1}，最高值出现在集合点(DY 合 5 点)，最低值也出现在集合点(DY 合 2 点)。

w(TP)空间分布总体呈集合点(1691.90mg・kg^{-1})与分散点(1772.85mg・kg^{-1})较接近。集合点 w(TP)沿水流方向总体呈逐渐上升趋势，而各分散点之间无显著的规律性。

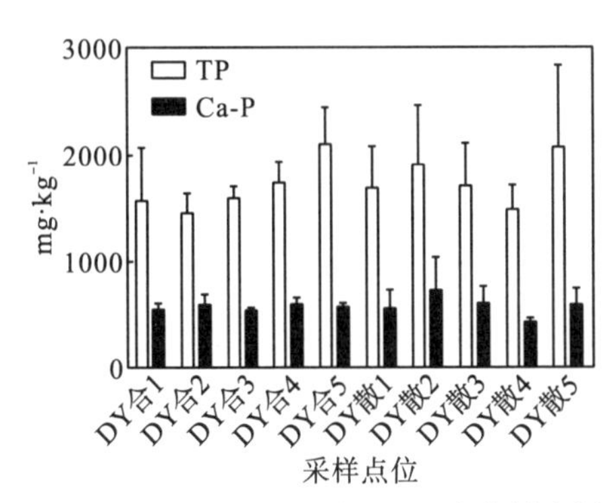

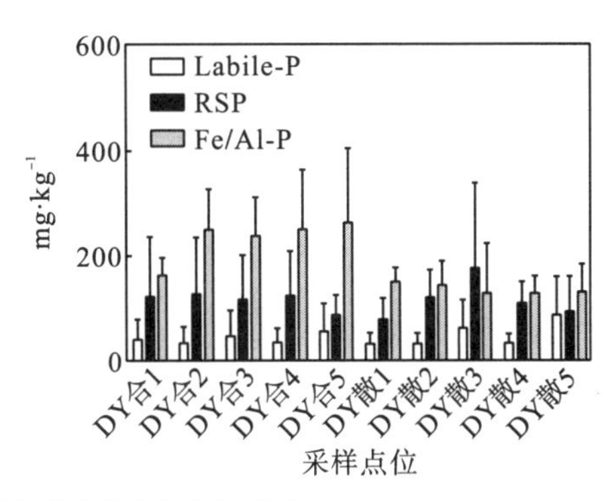

图 5-12　大营村沟渠底泥不同磷形态空间分布

w(Labile-P)为 30.62～86.32mg・kg^{-1}，平均值为 45.35mg・kg^{-1}，与 w(TP)呈极显著正相关(r=0.445)，最高值出现在分散点(DY 散 5 点)，最低值也出现在分散点(DY 散 1 点)，空间分布总体呈集合点(42.01mg・kg^{-1})与分散点(48.69mg・kg^{-1})较接近。

w(RSP)为 78.00～173.89mg・kg^{-1}，平均值为 114.17mg・kg^{-1}，与 w(TP)呈正相关(r=0.054)，最高值出现在分散点(DY 散 3 点)，最低值也出现在分散点(DY 散 1 点)，空间分布总体表现为集合点(114.22mg・kg^{-1})与分散点(114.12mg・kg^{-1})含量较接近。

w(Fe/Al-P)为 127.43～261.78mg・kg^{-1}，平均值为 183.53mg・kg^{-1}，与 w(TP)呈负相关(r=−0.103)，最高值出现在集合点(DY 合 5 点)，最低值出现在分散点(DY 散 4 点)，空间分布总体表现为集合点(231.56mg・kg^{-1})>分散点(135.50mg・kg^{-1})。

w(Ca-P)为 431.25～729.21mg・kg^{-1}，平均值为 576.29mg・kg^{-1}，与 w(TP)呈极显著正相关(r=0.497)，最高值出现在分散点(DY 散 2 点)，最低值也出现在分散点(DY 散 4 点)，空间分布总体表现为集合点(570.68mg・kg^{-1})与分散点(581.90mg・kg^{-1})含量较接近。

总体来看，近郊型农村沟渠底泥各形态磷含量大小依次为 w(Ca-P)>w(Fe/Al-P)>w(RSP)>w(Labile-P)，这与种植型农村的研究结果相同。除 Fe/Al-P 外，其余各形态磷的空间分布差异均不显著，说明近郊型农村沟渠底泥磷形态较稳定，含量相对较低，磷释放风险较低。

2. 底泥磷形态季节性变化

大营村沟渠底泥不同形态磷季节变化如图 5-13 所示，2015 年 10 月至 2016 年 7 月 TP 和 Labile-P 呈逐渐上升趋势，Ca-P 呈先上升后下降再上升趋势，而 Fe/Al-P 和 RSP 呈先下降后上升趋势。

w(TP)在夏季最高，在秋季最低，对各形态磷的季节性差异进行 Duncan 检验，可知 w(TP)在各个季节之间均不存在显著差异性(P>0.05)，说明大营村沟渠底泥 w(TP)季节性变化不显著，这与氮元素的研究结果相同。

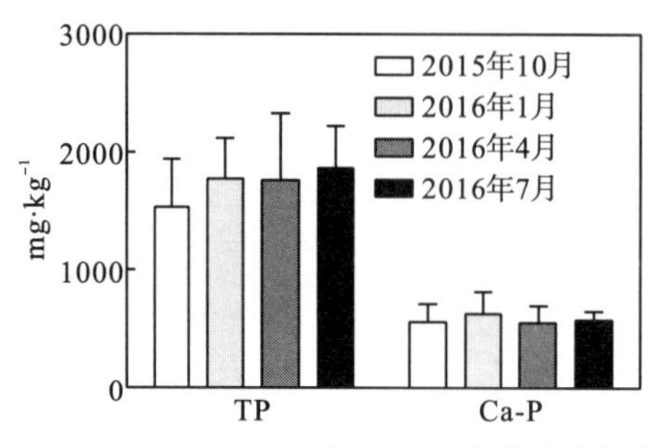

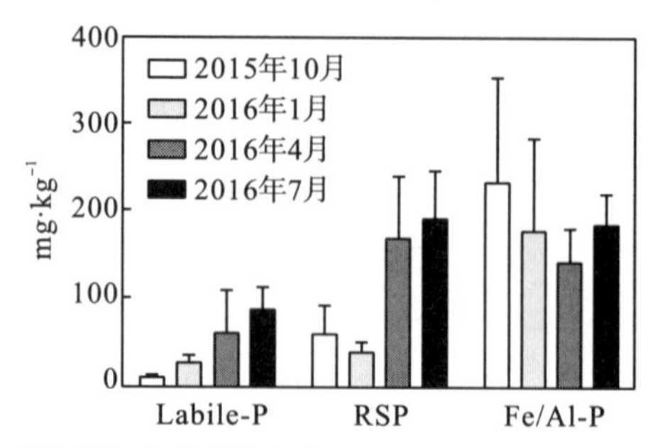

图 5-13 大营村沟渠底泥不同形态磷季节性变化

w(Labile-P)在夏季最高，在秋季最低，由 Duncan 检验可知，*w*(Labile-P)在秋季和冬季与春季和夏季存在显著差异性($P<0.05$)，说明其冷暖季节性变化较明显，这可能是由于温度较高会促进 Labile-P 在底泥中沉积。

w(RSP)在夏季最高，在冬季最低，由 Duncan 检验可知，*w*(RSP)的季节性变化特征与 Labile-P 一致(暖季显著高于冷季)。RSP 以铁结合态磷为主，上覆水含氧量低的条件利于其释放。秋冬季节，水生生物消亡，导致水体含氧量下降，这能促进 RSP 释放，导致 *w*(RSP)降低。

w(Fe/Al-P)在秋季最高，在春季最低，由 Duncan 检验可知，*w*(Fe/Al-P)秋季与春季存在显著差异性($P<0.05$)。

w(Ca-P)在冬季最高，在春季最低，由 Duncan 检验可知，各季节之间 *w*(Ca-P)均无显著差异性($P>0.05$)，说明近郊型农村沟渠底泥中 Ca-P 是最为稳定的磷形态，受季节性变化的影响较小。

3. 底泥各形态磷之间的相互影响

将沟渠底泥各形态磷的含量进行相关性分析，结果如表 5-5 所示。由表 5-5 可知，TP 与 Labile-P 和 Ca-P 呈极显著正相关($P<0.01$)，说明 Labile-P 和 Ca-P 是影响近郊型农村沟渠底泥磷分布的主要磷形态。Labile-P 和 RSP 呈极显著正相关($P<0.01$)，说明近郊型农村的 Labile-P 和 RSP 可能会在某种特定条件下相互转化。

表 5-5 大营村沟渠底泥各形态磷之间的相关性

	TP	Labile-P	RSP	Fe/Al-P	Ca-P
TP	1				
Labile-P	0.445**	1			
RSP	0.054	0.619**	1		
Fe/Al-P	−0.103	−0.180	−0.161	1	
Ca-P	0.497**	0.244	0.128	−0.021	1

注：** 在 0.01 水平(双侧)上显著相关($P<0.01$)。

第三节　底泥氮磷分布的影响因素分析

一、底泥有机质对氮磷分布的影响

1. 底泥有机质时空分布

1)底泥有机质空间分布特征

大营村沟渠底 TOM 的空间分布如图 5-14 所示，w(TOM)为 57.69～87.19g・kg^{-1}，平均值为 69.64g・kg^{-1}，最高值出现在分散点(DY 散 3 点)，最低值也出现在分散点(DY 散 2 点)，空间分布总体表现为集合点(70.12g・kg^{-1})与分散点(69.15g・kg^{-1})含量较接近。

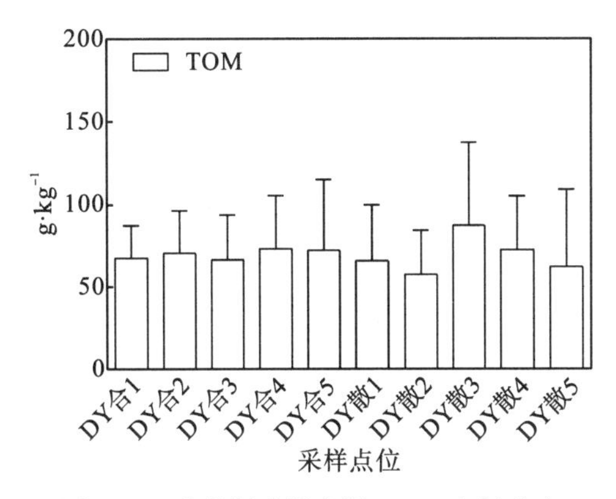

图 5-14　大营村沟渠底泥 TOM 空间分布

2)底泥有机质季节性变化

大营村沟渠底泥 TOM 季节变化如图 5-15 所示，2015 年 10 月至 2016 年 7 月表现为先下降后上升的趋势。对 TOM 的季节性差异进行 Duncan 检验，可知 w(TOM)冬季分别与春季、夏季和秋季均存在显著差异性($P<0.05$)。

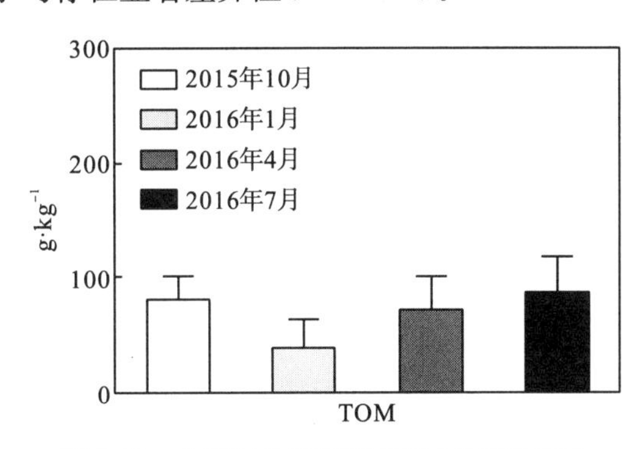

图 5-15　大营村沟渠底泥 TOM 季节性变化

2. 底泥有机质对氮磷形态分布的影响

将大营村沟渠底泥TOM含量与各形态氮进行相关性分析，相关系数依次为0.346(TN)、0.316(IEF-N)、−0.162(WAEF-N)、−0.314(SAEF-N)、−0.234(SOEF-N)，其中与TN、IEF-N呈显著正相关($P<0.05$)，与SAEF-N呈显著负相关($P<0.05$)。说明近郊型农村沟渠底泥中TOM的分布对TN及IEF-N的分布影响较大，且对SAEF-N的沉积有较大影响。

将TOM含量与各形态磷进行相关性分析，相关系数依次为0.186(TP)、0.226(Labile-P)、0.258(RSP)、−0.042(Fe/Al-P)、0.025(Ca-P)，相关性均不显著，说明近郊型农村沟渠底泥磷形态的分布受底泥TOM的影响较小。

二、水质指标对底泥氮磷分布的影响

1. 上覆水氮磷对底泥氮磷分布的影响

为了分析近郊型农村沟渠水体与底泥污染物之间的关系，将大营村沟渠上覆水氮和磷分别与底泥各形态氮和磷进行相关性分析，结果如表5-6和表5-7所示。

由表5-6可知，上覆水TN与底泥IEF-N和WAEF-N呈极显著正相关($P<0.01$)，说明近郊型农村沟渠水体氮含量对底泥IEF-N和WAEF-N的沉积贡献较大；上覆水TN与SOEF-N呈极显著负相关($P<0.01$)，说明近郊型农村沟渠水体氮含量增加可能会引起底泥SOEF-N的释放。

表5-6 大营村沟渠上覆水氮与底泥氮的相关性

	TN	IEF-N	WAEF-N	SAEF-N	SOEF-N
TN(水)	0.069	0.533**	0.613**	0.081	−0.499**
NH_3-N	0.031	0.208	0.140	0.120	0.133

注：**在0.01水平(双侧)上显著相关($P<0.01$)。

由表5-7可知，上覆水各形态磷与底泥各形态磷之间的相关性均不显著，说明近郊型农村沟渠水体磷对底泥磷的分布影响较小。

表5-7 大营村沟渠上覆水磷与底泥磷的相关性

	TP	Labile-P	RSP	Fe/Al-P	Ca-P
TP(水)	−0.112	−0.225	−0.271	0.072	−0.278
DTP	−0.072	−0.152	−0.198	0.120	−0.203
PO_4^{3-}−P	−0.019	−0.105	−0.186	0.063	−0.190

2. 上覆水理化指标对底泥氮磷分布的影响

为进一步研究近郊型农村沟渠底泥氮磷形态分布的影响因素，将大营村沟渠上覆水pH和E_h值分别与底泥氮磷形态进行相关性分析，结果如表5-8所示。

由表 5-8 可知，pH 与底泥 SOEF-N 呈极显著负相关($P<0.01$)，说明近郊型农村沟渠水体酸碱性对底泥 SOEF-N 的分布有较大影响；E_h与底泥 WAEF-N 呈极显著正相关，E_h 与底泥 SAEF-N 呈显著正相关。说明近郊型农村沟渠水体氧化还原环境对底泥 WAEF-N、SAEF-N 分布的影响较大。pH 与底泥 TP 呈显著正相关($P<0.05$)，说明水体酸碱度可能是近郊型农村沟渠底泥 TP 分布的重要影响因子；Labile-P 与 pH 呈显著正相关($P<0.05$)，与 E_h呈极显著正相关($P<0.01$)，说明水体酸碱度和氧化还原环境对底泥 Labile-P 沉积的影响均较大；E_h与底泥 RSP 呈极显著正相关($P<0.01$)，说明水体氧化还原环境对底泥 RSP 沉积的影响较大。

表 5-8　大营村沟渠上覆水理化指标与底泥氮磷的相关性

氮形态	pH	E_h	磷形态	pH	E_h
TN	0.097	0.223	TP	0.354*	0.309
IEF-N	−0.089	0.208	Labile-P	0.354*	0.452**
WAEF-N	0.038	0.415**	RSP	−0.044	0.412**
SAEF-N	0.031	0.365*	Fe/Al-P	−0.029	−0.183
SOEF-N	−0.404**	−0.233	Ca-P	0.028	0.219

注：** 在 0.01 水平(双侧)上显著相关($P<0.01$)；* 在 0.05 水平(双侧)上显著相关($P<0.05$)。

第四节　近郊型农村环境污染风险评价

一、近郊型农村污水污染风险评价

根据第四章第 4 节中水污染风险的评价方法和污染等级划分，将大营村各采样点的水质指标进行污染指数(P)的计算，评价近郊型农村沟渠的水污染风险，结果见表 5-9。

由表 5-9 可知，各采样点污染指数均大于 3(重污染)，且 DY 散 1 点大于 5(严重污染)，无论集合点还是分散点均属于重污染等级，总体水质属于重污染等级，说明近郊型农村沟渠水污染情况相当严重。

表 5-9　大营村沟渠水污染指数及水质等级

集合点	P(水质等级)	分散点	P(水质等级)
DY 合 1	4.90(重污染)	DY 散 1	6.08(严重污染)
DY 合 2	4.71(重污染)	DY 散 2	3.75(重污染)
DY 合 3	4.81(重污染)	DY 散 3	3.70(重污染)
DY 合 4	4.78(重污染)	DY 散 4	3.88(重污染)
DY 合 5	4.84(重污染)	DY 散 5	3.96(重污染)
平均值	4.81(重污染)	平均值	4.27(重污染)

二、近郊型农村底泥污染风险评价

根据第四章第 4 节中底泥污染风险的评价方法和污染等级划分，将大营村各采样点的底泥氮、磷和有机质含量进行污染指数(S_{TN}、S_{TP}、OI)的计算，评价近郊型农村沟渠的底泥污染风险，结果如表 5-10 和表 5-11 所示。

由表 5-10 可知，除极个别点外，各采样点 TN 和 TP 的污染指数均为 0.5～1.0，属于轻度污染等级，说明近郊型农村沟渠底泥氮、磷污染程度较轻。

表 5-10 大营村沟渠底泥氮磷污染等级

集合点	S_{TN}(污染等级)	S_{TP}(污染等级)	分散点	S_{TN}(污染等级)	S_{TP}(污染等级)
DY 合 1	0.84(轻度污染)	0.78(轻度污染)	DY 散 1	0.67(轻度污染)	0.84(轻度污染)
DY 合 2	0.64(轻度污染)	0.73(轻度污染)	DY 散 2	0.63(轻度污染)	0.96(轻度污染)
DY 合 3	0.79(轻度污染)	0.80(轻度污染)	DY 散 3	1.03(中度污染)	0.85(轻度污染)
DY 合 4	0.71(轻度污染)	0.87(轻度污染)	DY 散 4	0.52(轻度污染)	0.74(轻度污染)
DY 合 5	0.78(轻度污染)	1.05(中度污染)	DY 散 5	0.57(轻度污染)	1.04(中度污染)
平均值	0.75(轻度污染)	0.85(轻度污染)	平均值	0.68(轻度污染)	0.89(轻度污染)

由表 5-11 可知，大营村各采样点有机指数变化范围不大(0.81～1.29)，不论最小值、最大值还是平均值均大于 0.5，属于重度污染等级。

总体来看，与种植型农村类似，虽然近郊型农村沟渠底泥氮、磷污染程度较低，但由于有机污染程度较严重，造成综合环境污染风险较高。

表 5-11 大营村沟渠底泥有机污染等级

集合点	OI(污染等级)	分散点	OI(污染等级)
DY 合 1	0.98(重度污染)	DY 散 1	0.97(重度污染)
DY 合 2	1.08(重度污染)	DY 散 2	0.81(重度污染)
DY 合 3	1.29(重度污染)	DY 散 3	1.13(重度污染)
DY 合 4	1.03(重度污染)	DY 散 4	0.83(重度污染)
DY 合 5	1.15(重度污染)	DY 散 5	1.08(重度污染)
平均值	1.11(重度污染)	平均值	0.96(重度污染)

第五节 本 章 小 结

一、水质特征

近郊型农村沟渠水体 pH 较稳定，为 7～9，平均值为 7.68，属于弱碱性水体；pH 季节性变化与空间变化均不显著。E_h空间分布差异不显著，除极个别点位外，其余均为负值，说明近郊型农村沟渠水体整体属于还原性水体；E_h值季节变化范围较大，最低值为$-227.30mV$，最高值为$-90.93mV$，平均值为$-157.95mV$，秋季E_h显著低于其余3个季度，说明秋季近郊型农村沟渠水体还原性更强。

近郊型农村沟渠上覆水TN含量为$22.98 \sim 845.00mg \cdot L^{-1}$，平均值为$243.71mg \cdot L^{-1}$，季节性差异显著，最高值出现在夏季，最低值出现在秋季；TN空间分布差异显著，集合点显著高于分散点。NH_3-N含量为$9.41 \sim 12.48mg \cdot L^{-1}$，平均值为$10.62mg \cdot L^{-1}$，季节性差异不显著；$NH_3$-N空间分布差异显著，集合点显著高于分散点。TP、DTP和PO_4^{3-}-P含量分别为$0.96 \sim 1.25mg \cdot L^{-1}$、$0.74 \sim 0.91mg \cdot L^{-1}$和$0.72 \sim 0.83mg \cdot L^{-1}$，平均值分别为$1.07mg \cdot L^{-1}$、$0.83mg \cdot L^{-1}$和$0.75mg \cdot L^{-1}$，季节性差异均不显著；TP、DTP和$PO_4^{3-}$-P的空间分布差异均不显著。COD含量为$179.45 \sim 416.24mg \cdot L^{-1}$，平均值为$258.04mg \cdot L^{-1}$，季节性差异显著，最高值出现在冬季，最低值出现在夏季；COD空间分布差异不显著。TN、NH_3-N、TP和COD含量总体超越Ⅴ类水标准，水体氮、磷和有机物含量严重超标。

上覆水pH与TN、NH_3-N、TP、DTP、PO_4^{3-}-P和COD的相关性均不显著，说明近郊型农村沟渠水体酸碱度对污染物浓度变化的影响较小；E_h与TN呈极显著正相关，说明上覆水氧化还原条件对氮含量变化影响较大。

二、底泥污染特征

近郊型农村沟渠底泥w(TN)为$2486.40 \sim 4935.43mg \cdot kg^{-1}$，平均值为$3451.58mg \cdot kg^{-1}$，空间分布差异不显著。底泥各赋存形态氮含量大小依次为w(SOEF-N)>w(WAEF-N)>w(SAEF-N)>w(IEF-N)，空间分布均表现为集合点显著高于分散点。底泥各形态氮含量季节性变化显著。WAEF-N分别与IEF-N和SAEF-N呈极显著正相关。

w(TP)为$1453.63 \sim 2104.46mg \cdot kg^{-1}$，平均值为$1732.37mg \cdot kg^{-1}$，空间分布差异不显著。底泥各赋存形态磷含量大小依次为w(Ca-P)>w(Fe/Al-P)>w(RSP)>w(Labile-P)，集合点w(Fe/Al-P)显著高于分散点，其余磷形态空间分布差异不显著。除TP和Ca-P外，其余磷形态均存在显著的季节性差异。TP与Labile-P和Ca-P呈极显著正相关，Labile-P和RSP呈极显著正相关。

w(TOM)为$57.69 \sim 87.19g \cdot kg^{-1}$，平均值为$69.64g \cdot kg^{-1}$，各采样点之间空间分布差异不显著，但季节性差异显著，冬季显著低于其余3个季度。TOM与TN和IEF-N呈显著正相关，与SAEF-N呈显著负相关，说明近郊型农村沟渠底泥中TOM的分布对TN和IEF-N的分布影响较大，且可能对SAEF-N的释放有较大影响。

近郊型农村上覆水各水质指标与底泥氮、磷形态的相关性差异较大，说明各形态氮、磷受水环境因子的影响各不相同，需要做进一步研究。

三、环境风险评价

近郊型农村污水水质较差，无论分散点还是集合点，均属于重污染等级。底泥氮、磷污染程度较轻，但由于较严重的有机污染水平，造成整体污染程度较高。

第六章　生态休闲型农村污染现状及污染物分布规律

生态休闲型农村普者黑村的采样点位如图 6-1 所示，各个采样点均采集表层水样和底泥样，每个季节(1、4、7、10 月)各采一次样，对全村沟渠水质及底泥进行检测，水质和底泥全量的分析参照国家标准方法，底泥氮磷形态参照经典文献方法。

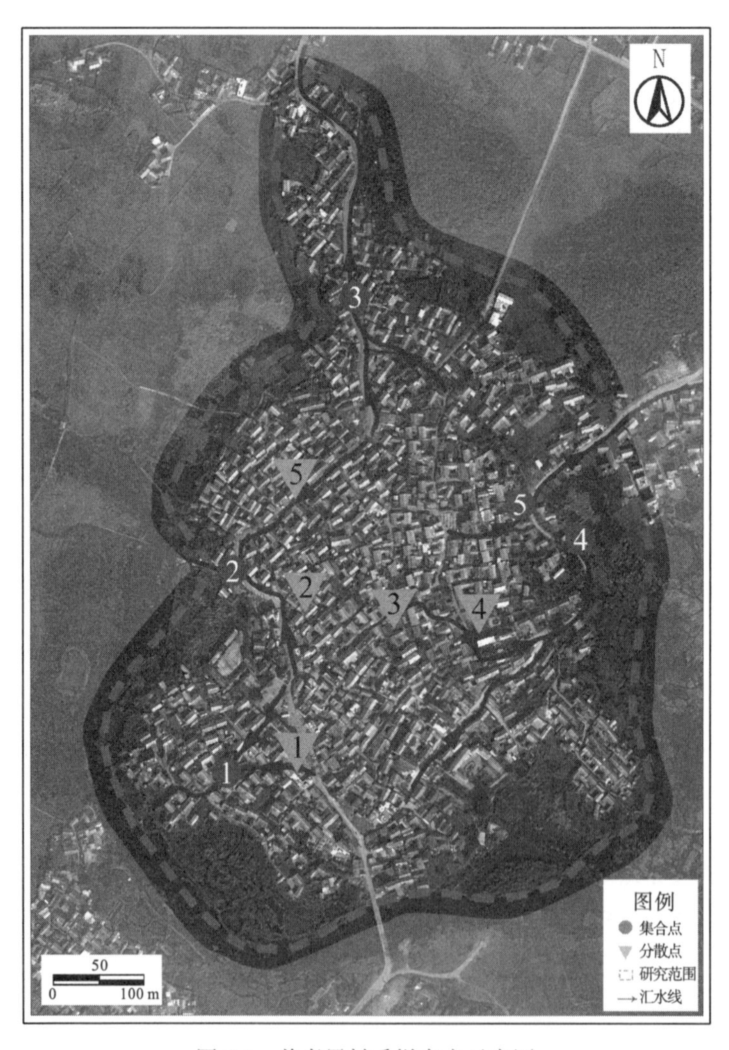

图 6-1　普者黑村采样布点示意图

第一节 水环境污染特征及分布规律

一、上覆水理化特征及演变

1. 上覆水 pH 时空分布

1)上覆水 pH 季节性变化

普者黑村沟渠上覆水不同季节 pH 如表 6-1 所示。全年 pH 值为 7.14~8.59，最高值出现在 2016 年 7 月，最低值出现在 2016 年 4 月。各季度平均值呈先下降后上升趋势，分为 2 个阶段，2015 年 10 月至 2016 年 1 月为下降期，2016 年 1 月至 2016 年 7 月为上升期。总体来看，普者黑村沟渠上覆水 pH 季节性差异不显著，整体处于 7~9，属于弱碱性水体。

表 6-1 普者黑村上覆水不同季节 pH

采样点	2015 年 10 月	2016 年 1 月	2016 年 4 月	2016 年 7 月
PZH 合 1	7.84	7.23	7.73	7.63
PZH 合 2	7.84	7.88	8.09	8.34
PZH 合 3	7.98	7.36	7.14	7.37
PZH 合 4	7.76	7.46	7.47	7.60
PZH 合 5	7.21	7.75	7.78	8.59
PZH 散 1	7.20	7.29	—	—
PZH 散 2	7.19	7.20	7.45	7.47
PZH 散 3	7.89	7.31	7.65	8.02
PZH 散 4	7.72	7.69	7.26	7.72
PZH 散 5	7.59	7.49	7.65	8.09
平均值	7.62	7.46	7.58	7.87

注：2016 年 4 月和 7 月 PZH 散 1 点无水样。

2)上覆水 pH 空间分布特征

普者黑村沟渠上覆水 pH 空间变化如图 6-2 所示。各采样点上覆水 pH 为 7.32~8.03，平均值为 7.61，最高值出现在 PZH 合 2 点，最低值出现在 PZH 散 1 点，集合点与分散点无显著差异。

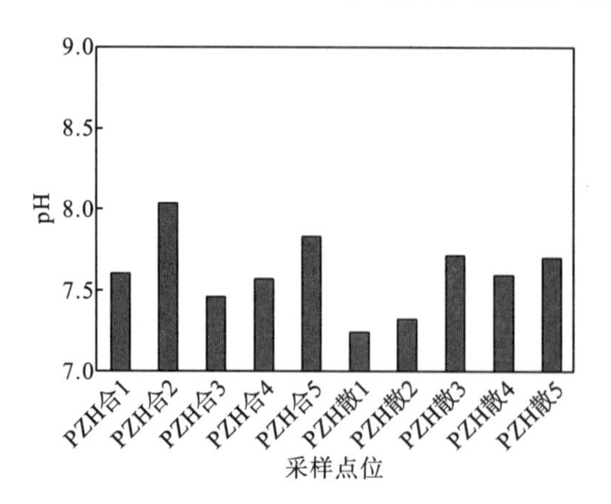

图 6-2 普者黑村沟渠上覆水 pH 空间变化规律

2. 上覆水 E_h 值时空分布

1)上覆水 E_h 值季节性变化

普者黑村沟渠上覆水不同季节 E_h 值如表 6-2 所示。全年 E_h 值为－313.35～－54.90mV，最高值出现在 2016 年 7 月，最低值出现在 2016 年 4 月。2015 年 10 月至 2016 年 7 月呈先下降后上升的趋势，分为 2 个阶段，2015 年 10 月至 2016 年 4 月为下降期，2016 年 4 月至 2016 年 7 月为上升期。总体来看，普者黑村沟渠上覆水 E_h 均呈现负值，为还原性水体，且春季水体还原性较强。

表 6-2 普者黑村上覆水不同季节 E_h 值(mV)

采样点	2015 年 10 月	2016 年 1 月	2016 年 4 月	2016 年 7 月
PZH 合 1	－205.85	－139.85	－123.95	－62.95
PZH 合 2	－195.60	－137.80	－136.60	－152.60
PZH 合 3	－193.40	－155.40	－169.95	－168.60
PZH 合 4	－194.25	－252.70	－163.90	－168.00
PZH 合 5	－198.60	－220.95	－239.35	－315.50
PZH 散 1	－155.65	－236.35	—	—
PZH 散 2	－160.30	－228.65	－279.20	－173.55
PZH 散 3	－210.95	－196.95	－313.35	－254.25
PZH 散 4	－88.95	－196.10	－143.05	－262.50
PZH 散 5	－143.10	－121.30	－145.40	－54.90
平均值	－174.67	－188.61	－190.53	－179.21

注：2016 年 4 月和 7 月 PZH 散 1 点无水样。

2)上覆水 E_h 值空间分布特征

普者黑村沟渠上覆水 E_h 值空间变化如图 6-3 所示。各采样点上覆水 E_h 值为－243.88～－116.18mV，平均值为－183.81mV，最高值出现在 PZH 散 5 点，最低值出现在 PZH 散 3 点，各采样点之间空间分布差异显著。

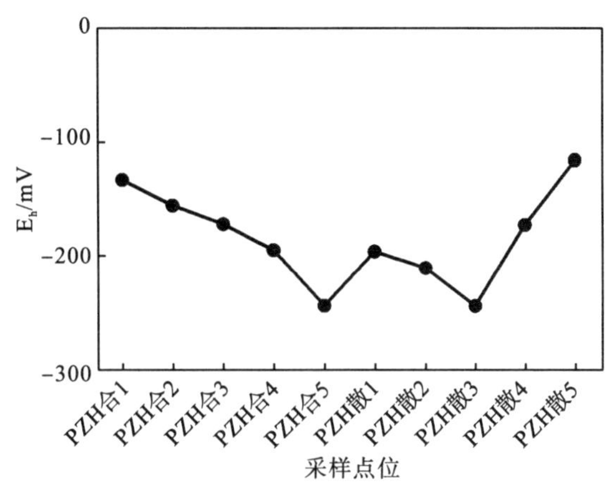

图 6-3　普者黑村沟渠上覆水 E_h空间变化规律

二、上覆水氮形态时空分布

1. 上覆水氮形态季节性变化

普者黑村沟渠上覆水各形态氮季节变化如图 6-4 所示，2015 年 10 月至 2016 年 7 月 TN 呈现逐渐上升的趋势，而 NH_3-N 呈逐渐下降趋势。上覆水 TN 含量为 42.14～779.88mg・L^{-1}，最高值出现在 2016 年 7 月，最低值出现在 2015 年 10 月，且 2016 年 7 月(夏季)TN 含量显著高于其余 3 个季度。NH_3-N 含量为 4.05～26.51mg・L^{-1}，最高值出现在 2015 年 10 月，最低值出现在 2016 年 7 月，秋季 NH_3-N 含量显著高于其余 3 个季度。

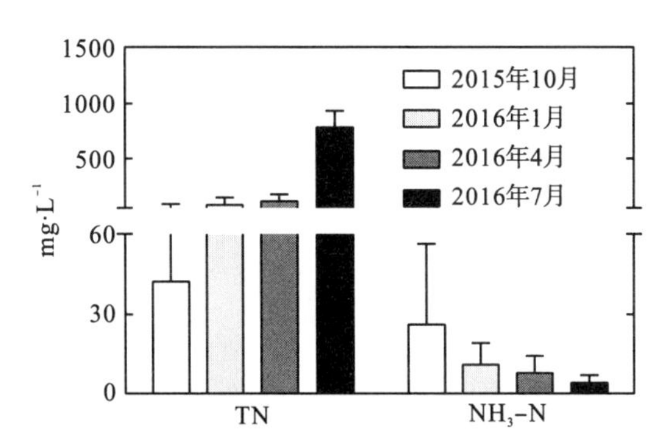

图 6-4　大营村沟渠上覆水氮形态季节变化

2. 上覆水氮形态空间分布特征

普者黑村沟渠上覆水各形态氮空间分布如图 6-5 所示。上覆水 TN 含量为 158.59～362.54mg・L^{-1}，平均值为 243.29mg・L^{-1}，最高值出现在 PZH 散 5 点，最低值出现在 PZH 散 1 点。上覆水 NH_3-N 含量为 4.84～53.39mg・L^{-1}，平均值为 14.73mg・L^{-1}，最高值出现在 PZH 散 1 点，最低值出现在 PZH 合 1 点。上覆水 TN 和 NH_3-N 空间差异均不显著，但集合点氮含量略微高于分散点。PZH 合 5 点与 PZH 散 1 点 NH_3-N 含量较高，这可能与该采样点附近村民大量使用氨肥有关。各采样点 TN 和 NH_3-N 年平均值均显著超过《地表水环境质量标准》V 类水限值(2.0mg·L^{-1})。

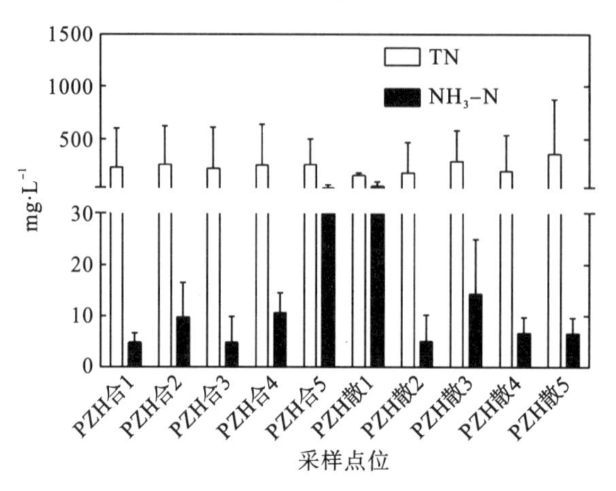

图 6-5 普者黑村沟渠上覆水氮形态空间变化规律

三、上覆水磷含量时空分布

1. 上覆水磷形态季节性变化

普者黑村沟渠上覆水各形态磷季节变化如图 6-6 所示，2015 年 10 月至 2016 年 7 月 TP 和 DTP 呈逐渐下降趋势，而 PO_4^{3-}-P 含量在 2016 年 4 月(春季)略微有所回升。上覆水 TP 含量为 0.67～2.59mg·L^{-1}，最高值出现在秋季，最低值出现在夏季。DTP 含量为 0.71～2.33mg·L^{-1}，最高值出现在秋季，最低值出现在夏季。PO_4^{3-}-P 含量为 0.64～1.88mg·L^{-1}，最高值出现在秋季，最低值出现在冬季。

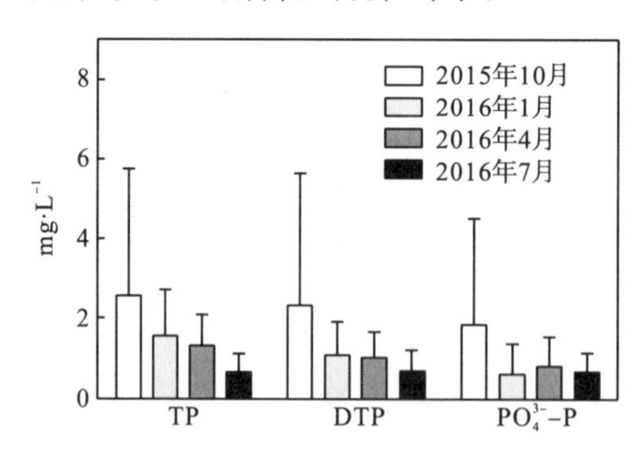

图 6-6 普者黑村沟渠上覆水磷形态季节变化

夏季为普者黑村的旅游旺季，人口众多，沟渠污染物浓度相应增高，但 7 月之后为普者黑流域的雨季，降水量增加会相应使沟渠中的污染物得到稀释，从而造成各水质指标(NH_3-N、TP、DTP 和 PO_4^{3-}-P)含量降低，而 TN 含量在夏季达到最高值，说明夏季外源输入的氮含量可能超过了雨水对沟渠内氮元素的稀释作用，使得其季节性分布特征与其余指标不同。

2. 上覆水磷形态空间分布特征

普者黑村沟渠上覆水各形态磷空间分布如图 6-7 所示。上覆水 TP 含量为 0.38～6.12mg・L^{-1}，平均值为 1.80mg・L^{-1}。上覆水 DTP 含量为 0.30～6.25mg・L^{-1}，平均值为 1.56mg・L^{-1}。上覆水 PO_4^{3-}-P 含量为 0.17～4.72mg・L^{-1}，平均值为 1.21mg・L^{-1}。上覆水 TP、DTP 和 PO_4^{3-}-P 最高值均出现在 PZH 散 1 点，最低值均出现在 PZH 散 2 点。除 PZH 散 2 点外，其余采样点磷形态的空间分布均不显著，且集合点与分散点的磷含量差异也不显著。除 PZH 散 2 点外，其余采样点 TP 年平均值均超过 V 类水限值(0.4mg・L^{-1})。

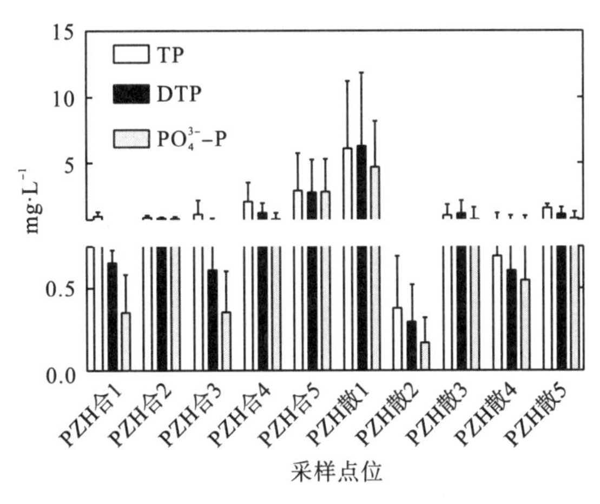

图 6-7　普者黑村沟渠上覆水磷形态空间变化规律

四、上覆水 COD 时空分布

1. 上覆水 COD 季节性变化

普者黑村沟渠上覆水 COD 含量季节变化如图 6-8 所示，2015 年 10 月至 2016 年 7 月呈先上升后下降的趋势。上覆水 COD 含量为 181.35～285.60mg・L^{-1}，最高值出现在 2016 年 1 月，最低值出现在 2016 年 7 月。

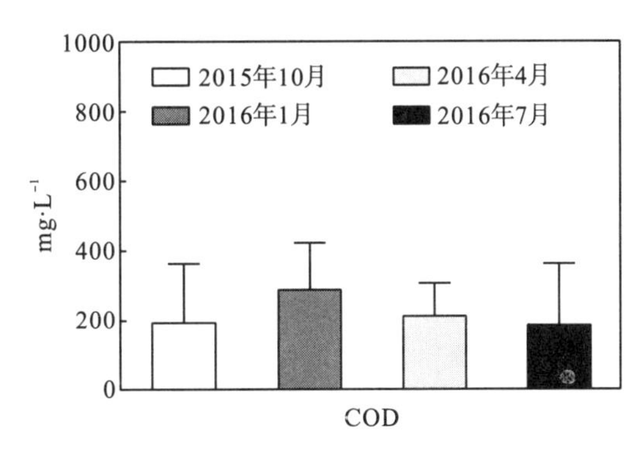

图 6-8　普者黑村沟渠上覆水 COD 季节变化

2. 上覆水 COD 空间分布特征

普者黑村沟渠上覆水 COD 空间分布如图 6-9 所示。上覆水 COD 含量为 134.28～418.59mg・L^{-1}，平均值为 226.48mg・L^{-1}，最高值出现在 PZH 合 5 点，最低值出现在 PZH 散 3 点，PZH 合 5 点和 PZH 散 1 点显著高于其余采样点，集合点与分散点差异性不显著。各采样点各季度 COD 含量均超过《地表水环境质量标准》V 类水限值(40mg・L^{-1})，部分样点甚至达到其几倍至十几倍。与氮、磷元素相似，普者黑村 COD 含量在 PZH 合 5 点与 PZH 散 1 点处较高，显著高于其余采样点，说明普者黑村沟渠水体的各污染指标的污染来源相同。

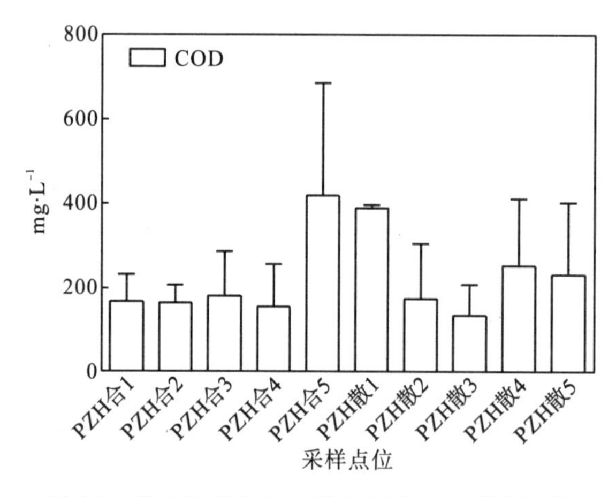

图 6-9　普者黑村沟渠上覆水 COD 空间变化规律

五、各水质指标之间的相互影响

为了更好地分析生态休闲型农村的污水污染特征，本研究对普者黑村各水质指标进行相关性分析，结果如表 6-3 所示。除 TN、pH 和 E_h外，其余各指标间均呈现极显著正相关($P<0.01$)。pH 与 TN 呈显著正相关($P<0.05$)，说明生态休闲型农村沟渠水体氮含量受水体酸碱度影响较大；各磷形态之间均呈极显著正相关($P<0.01$)，说明生态休闲型农村沟渠水体各磷形态之间存在相互转化的可能。

表 6-3　普者黑村上覆水各指标间的相关性

	TN	NH_3-N	TP	DTP	$PO_4^{3-}-P$	COD	pH	E_h
TN	1							
NH_3-N	−0.190	1						
TP	−0.187	0.890**	1					
DTP	−0.091	0.921**	0.957**	1				
$PO_4^{3-}-P$	−0.036	0.944**	0.907**	0.958**	1			
COD	0.005	0.528**	0.501**	0.486**	0.550**	1		

续表

	TN	NH_3-N	TP	DTP	PO_4^{3-}-P	COD	pH	E_h
pH	0.379*	−0.251	−0.290	−0.242	−0.167	−0.231	1	
E_h	0.120	−0.042	−0.031	−0.052	−0.078	−0.032	−0.105	1

注：** 在 0.01 水平(双侧)上显著相关($P<0.01$)；* 在 0.05 水平(双侧)上显著相关($P<0.05$)。

第二节　底泥氮磷污染特征及分布规律

一、底泥氮形态时空分布

1. 底泥氮形态空间分布特征

普者黑村沟渠底氮形态的空间分布如图 6-10 所示。不同形态氮的空间分布各不相同，w(TN)为 3232.31～5327.67mg・kg^{-1}，平均值为 3786.68mg・kg^{-1}，最高值出现在集合点(PZH 合 4 点)，最低值出现在分散点(PZH 散 3 点)。

w(TN)空间分布总体呈集合点(4134.41mg・kg^{-1})>分散点(3438.95mg・kg^{-1})，高值区主要分布在沟渠污染物汇集处(集合点)，各家各户村民(分散点)各自产生的污染物(生活污水、畜禽粪便、固体废弃物等)较为独立，但在沟渠内经过水动力作用汇流、合流后氮元素会逐渐蓄积，因此集合点 w(TN)高于分散点。

w(IEF-N)为 75.99～385.78mg・kg^{-1}，平均值为 233.92mg・kg^{-1}，与 w(TN)呈显著正相关(r=0.393)，最高值出现在集合点(PZH 合 1 点)，最低值出现在分散点(PZH 散 1 点)，空间分布总体表现为集合点(283.01mg・kg^{-1})>分散点(184.82mg・kg^{-1})。

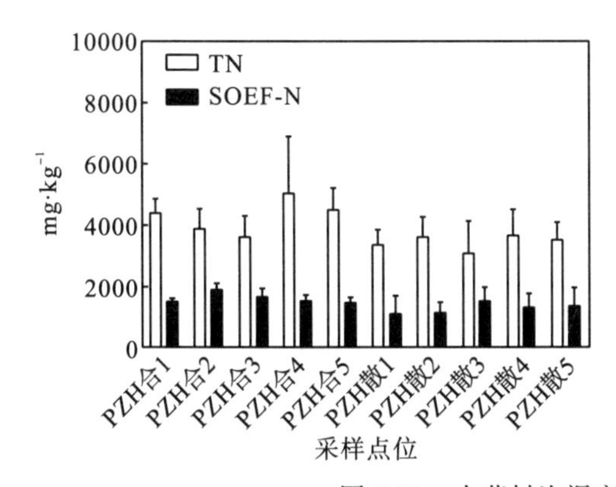

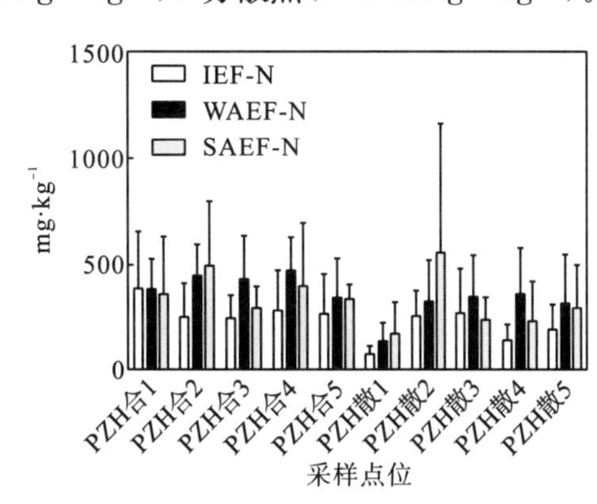

图 6-10　大营村沟渠底泥不同氮形态空间分布

w(WAEF-N)为 134.42～469.12mg・kg^{-1}，平均值为 354.06mg・kg^{-1}，与 w(TN)呈正相关(r=0.292)，最高值出现在集合点(PZH 合 4 点)，最低值出现在分散点(PZH 散 1 点)，空间分布总体呈集合点(412.95mg・kg^{-1})>分散点(295.17mg・kg^{-1})。

w(SAEF-N)为 170.40～491.58mg・kg^{-1}，平均值为 336.38mg・kg^{-1}，与 w(TN)呈正相关(r=0.242)，最高值出现在分散点(PZH 散 2 点)，最低值也出现在分散点

(PZH 散 1 点)，空间分布总体呈集合点($376.05mg \cdot kg^{-1}$)>分散点($296.71mg \cdot kg^{-1}$)。

w(SOEF-N)为 $1076.10 \sim 1873.54mg \cdot kg^{-1}$，平均值为 $1423.52mg \cdot kg^{-1}$，与 w(TN)呈正相关($r=0.298$)，最高值出现在集合点(PZH 合 2 点)，最低值出现在分散点(PZH 散 1 点)，空间分布总体呈集合点($1584.04mg \cdot kg^{-1}$)>分散点($1262.99mg \cdot kg^{-1}$)。

总体来看，生态休闲型农村沟渠底泥各形态氮含量大小依次为 w(SOEF-N)>w(WAEF-N)>w(SAEF-N)>w(IEF-N)，这与种植型和近郊型农村的结果相同。集合点各形态氮含量均显著高于分散点，说明生态休闲型农村沟渠底泥氮在底泥中会不断蓄积，其蓄积能力高于释放能力。由于生物可利用的 WAEF-N 的含量较高，存在一定的氮污染风险。

2. 底泥氮形态季节性变化

普者黑村沟渠底泥不同形态氮季节变化如图 6-11 所示，2015 年 10 月至 2016 年 7 月 TN 呈现先降后升的趋势，SAEF-N 呈先升后降再升的趋势，SOEF-N 呈先升后降的趋势，而 IEF-N 和 WAEF-N 均呈逐渐上升趋势。

w(TN)在夏季最高，在冬季最低，对各形态氮的季节性差异进行 Duncan 检验，可知 w(TN)在春季和夏季显著高于秋季和冬季($P<0.05$)，说明普者黑村沟渠底泥 w(TN)季节性变化显著。夏季是普者黑村的旅游旺季，人口较多，因此其氮含量较高，而冬季为旅游淡季，因此氮含量较低。

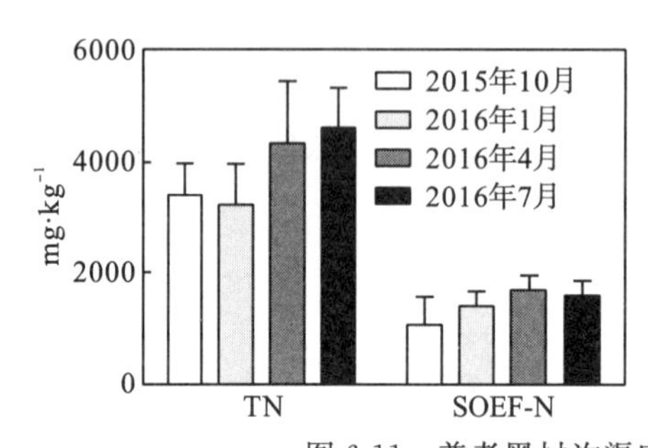

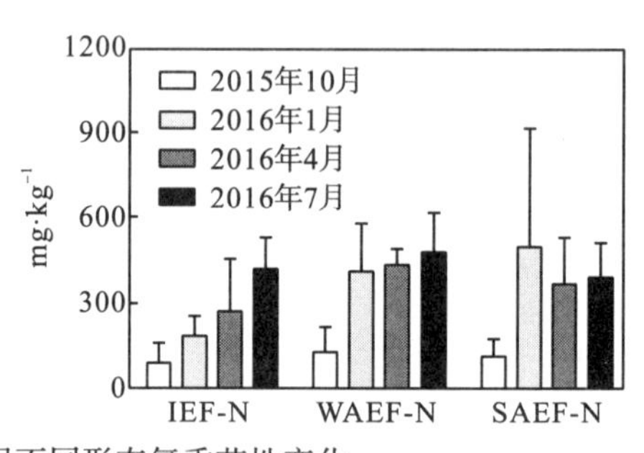

图 6-11　普者黑村沟渠底泥不同形态氮季节性变化

w(IEF-N)在夏季最高，在秋季最低，由 Duncan 检验可知，秋季 w(IEF-N)显著低于其余 3 个季度($P<0.05$)。这可能是由于秋季普者黑村沟渠内的植物和微生物生长旺盛，底泥中的活性氮(IEF-N)在其生长过程中被吸收利用，从而使 w(IEF-N)降低。

w(WAEF-N)在夏季最高，在秋季最低，由 Duncan 检验可知，季节性变化趋势与 IEF-N 相似，w(WAEF-N)秋季与其余 3 个季度均存在显著差异性($P<0.05$)。由于 WAEF-N 是生物可利用的氮形态，因此在不同环境条件下，生物对其吸收利用的含量各不相同，而可能由于普者黑村秋季最适宜沟渠内的生物生长，造成了该季度的生物可利用氮(WAEF-N)含量最低。

w(SAEF-N)在冬季最高，在秋季最低，由 Duncan 检验可知，w(SAEF-N)秋季分别与春季、夏季和冬季均存在显著差异性($P<0.05$)。冬季水生植物凋亡，生物残体堆积沟渠中，导致溶解氧含量下降，限制了底泥中铁锰氧化物结合态氮向活性氮的转化，造

成 SAEF-N 蓄积，因此 w(SAEF-N)升高。

w(SOEF-N)在春季最高，在秋季最低，由 Duncan 检验可知，w(SOEF-N)秋季分别与春季、夏季和冬季均存在显著差异性($P<0.05$)。SOEF-N 受外源氮的影响较大，普者黑村沟渠秋季外源氮(水体中的 TN)输入量较少，因此其 w(SOEF-N)较低。

3. 底泥各形态氮之间的相互影响

将普者黑村沟渠底泥各形态氮的含量进行相关性分析，结果如表 6-4 所示。由表 6-4 可知，TN 与 IEF-N 呈显著正相关($P<0.05$)，说明 IEF-N 对底泥 TN 的分布影响较大；IEF-N 与 WAEF-N 呈极显著正相关($P<0.01$)，与 SOEF-N 呈显著正相关($P<0.05$)，WAEF-N 与 SOEF-N 呈极显著正相关($P<0.01$)，说明近郊型农村沟渠底泥中 IEF-N、WAEF-N 和 SOEF-N 相互之间存在较大影响。

表 6-4　普者黑村沟渠底泥各形态氮之间的相关性

	TN	IEF-N	WAEF-N	SAEF-N	SOEF-N
TN	1				
IEF-N	0.393*	1			
WAEF-N	0.292	0.541**	1		
SAEF-N	0.242	0.203	0.430**	1	
SOEF-N	0.298	0.406*	0.661**	0.192	1

注：** 在 0.01 水平(双侧)上显著相关($P<0.01$)；* 在 0.05 水平(双侧)上显著相关($P<0.05$)。

二、底泥磷形态时空分布

1. 底泥磷形态空间分布特征

普者黑村沟渠底磷形态的空间分布如图 6-12 所示。不同形态磷的空间分布各不相同，w(TP)为 1067.37～1629.66mg・kg^{-1}，平均值为 1430.13mg・kg^{-1}，最高值出现在分散点(PZH 散 1 点)，最低值出现在集合点(PZH 合 5 点)。w(TP)空间分布总体呈集合点(1421.75mg・kg^{-1})与分散点(1438.50mg・kg^{-1})较接近。

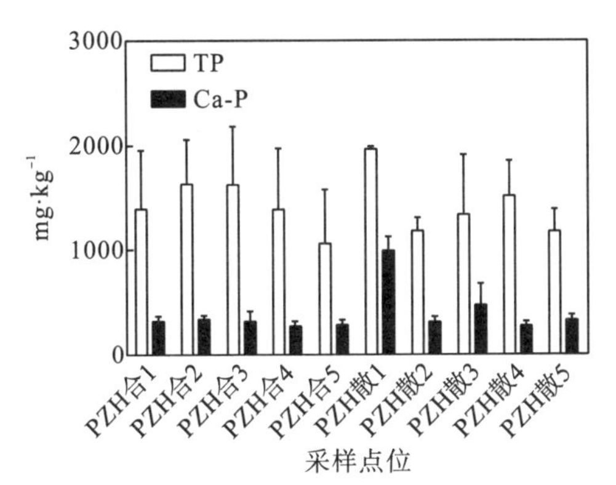

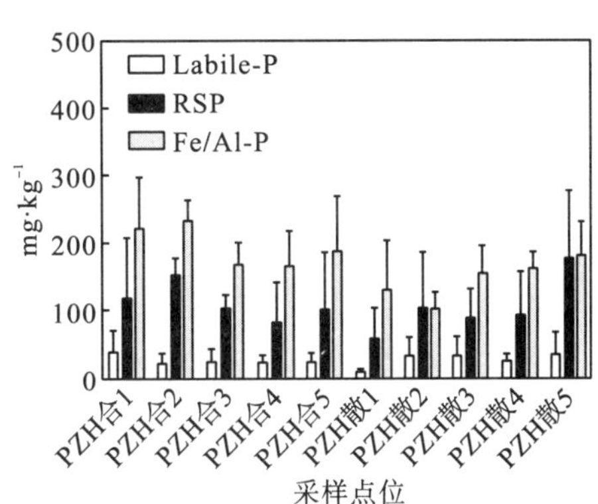

图 6-12　普者黑村沟渠底泥不同磷形态空间分布

w(Labile-P)为10.25～39.08mg·kg^{-1}，平均值为27.45mg·kg^{-1}，与w(TP)呈显著正相关(r=0.399)，最高值出现在集合点(PZH合1点)，最低值出现在分散点(PZH散1点)，空间分布总体呈集合点(27.33mg·kg^{-1})与分散点(27.57mg·kg^{-1})较接近。

w(RSP)为58.97～177.10mg·kg^{-1}，平均值为114.17mg·kg^{-1}，与w(TP)呈显著正相关(r=0.386)，最高值出现在分散点(PZH散5点)，最低值也出现在分散点(PZH散1点)，空间分布总体表现为集合点(114.22mg·kg^{-1})与分散点(108.02mg·kg^{-1})含量较接近。

w(Fe/Al-P)为131.24～279.60mg·kg^{-1}，平均值为197.73mg·kg^{-1}，与w(TP)呈极显著正相关(r=0.450)，最高值出现在分散点(PZH散3点)，最低值也出现在分散点(PZH散1点)，空间分布总体表现为集合点(209.26mg·kg^{-1})>分散点(186.20mg·kg^{-1})。

w(Ca-P)为275.02～996.87mg·kg^{-1}，平均值为391.79mg·kg^{-1}，与w(TP)呈显著正相关(r=0.369)，最高值出现在分散点(PZH散1点)，最低值出现在集合点(PZH合4点)，空间分布总体表现为分散点(477.23mg·kg^{-1})>与集合点(306.34mg·kg^{-1})。

总体来看，生态休闲型农村沟渠底泥各形态磷含量大小依次为w(Ca-P)>w(Fe/Al-P)>w(RSP)>w(Labile-P)，这与种植型和近郊型农村的研究结果相同。除Fe/Al-P外，其余各形态磷的空间分布差异均不显著，说明生态休闲型农村沟渠底泥磷形态较稳定，含量相对较低，磷释放风险较低。

2. 底泥磷形态季节性变化

普者黑村沟渠底泥不同形态磷季节变化如图6-13所示，2015年10月至2016年7月TP、RSP和Fe/Al-P呈先下降后上升趋势，Labile-P呈逐渐上升趋势，Ca-P呈先降后升的趋势。

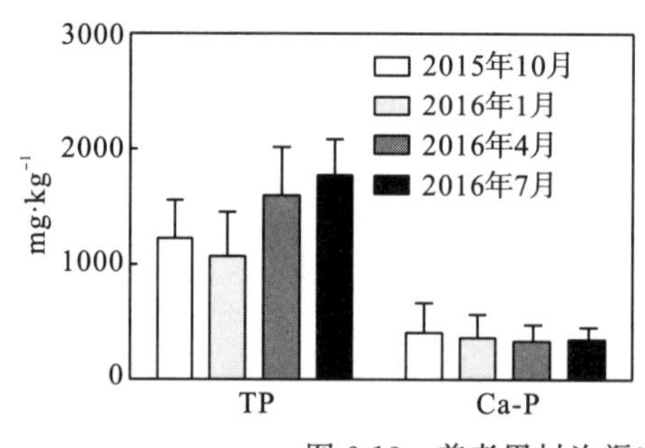

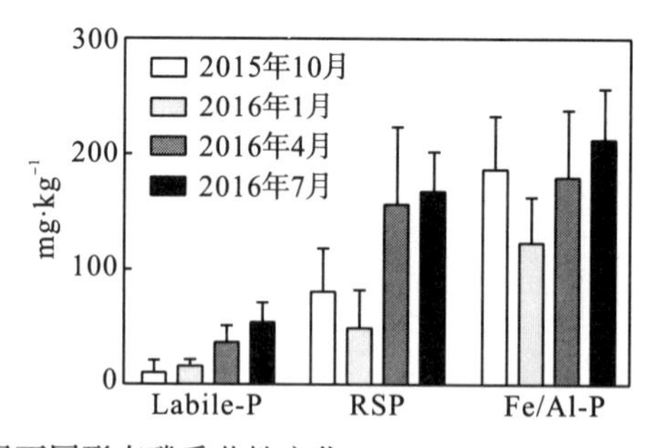

图6-13 普者黑村沟渠底泥不同形态磷季节性变化

w(TP)在夏季最高，在冬季最低，对各形态磷的季节性差异进行Duncan检验，可知w(TP)在春季和夏季与秋季和冬季存在显著差异性(P<0.05)，季节性变化差异与氮元素相同，受旅游淡、旺季差异影响，旺季旅游人口较多，带来的污染较大，造成夏季底泥中磷含量升高。

w(Labile-P)在夏季最高，在秋季最低，由Duncan检验可知，w(Labile-P)在夏季和其余3个季度均存在显著差异性(P<0.05)，温度较高会促进Labile-P在底泥中沉积，夏

季普者黑流域温度较高，从而造成 w(Labile-P)上升。

w(RSP)在夏季最高，在冬季最低，由 Duncan 检验可知，w(RSP)在冬季显著低于春季和夏季($P<0.05$)。RSP 以铁结合态磷为主，上覆水含氧量低的条件下利于其释放。冬季天气寒冷干燥，水生生物消亡，导致水体含氧量下降，这能促进 RSP 释放，导致 w(RSP)降低。

w(Fe/Al-P)在夏季最高，在冬季最低，由 Duncan 检验可知，w(Fe/Al-P)冬季显著低于其余 3 个季度($P<0.05$)。

w(Ca-P)在秋季最高，在春季最低，由 Duncan 检验可知，与种植型和近郊型农村相同，各季节之间 w(Ca-P)均无显著差异性($P>0.05$)，说明生态休闲型农村沟渠底泥中 Ca-P 是其最为稳定的磷形态，受季节性变化的影响较小。

3. 底泥各形态磷之间的相互影响

将普者黑村沟渠底泥各形态磷的含量进行相关性分析，结果如表 6-5 所示。由表 6-5 可知，TP 与 Labile-P、RSP 和 Ca-P 呈显著正相关($P<0.05$)，与 Fe/Al-P 呈极显著正相关($P<0.01$)，说明生态休闲型农村沟渠底泥各赋存形态磷对 TP 的分布均有较大影响。Labile-P 和 RSP 呈显著正相关($P<0.05$)，RSP 与 Fe/Al-P 呈极显著正相关($P<0.01$)，说明近郊型农村的 Labile-P 和 RSP 以及 Fe/Al-P 和 RSP 的分布可能存在相互影响。

表 6-5 普者黑村沟渠底泥各形态磷之间的相关性

	TP	Labile-P	RSP	Fe/Al-P	Ca-P
TP	1				
Labile-P	0.399*	1			
RSP	0.386*	0.685*	1		
Fe/Al-P	0.450**	0.320	0.547**	1	
Ca-P	0.369*	−0.028	−0.101	−0.114	1

注：** 在 0.01 水平(双侧)上显著相关($P<0.01$)；* 在 0.05 水平(双侧)上显著相关($P<0.05$)。

第三节 底泥氮磷分布的影响因素分析

一、底泥有机质对氮磷分布的影响

1. 底泥有机质时空分布

1)底泥有机质空间分布特征

普者黑村沟渠底 TOM 的空间分布如图 6-14 所示，w(TOM)为 27.14~94.47g·kg^{-1}，平均值为 64.76g·kg^{-1}，最高值出现在分散点(PZH 散 1 点)，最低值出现在集合点(PZH 合 5 点)，空间分布总体表现为分散点(79.25g·kg^{-1})>集合点(50.26g·kg^{-1})。

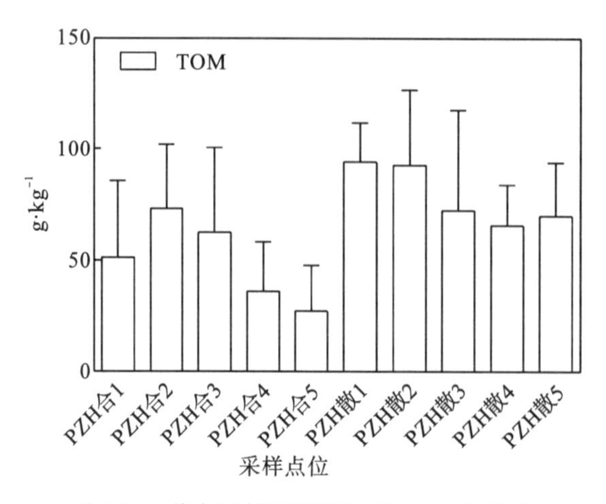

图 6-14 普者黑村沟渠底泥 TOM 空间分布

2)底泥有机质季节性变化

普者黑村沟渠底泥 TOM 季节变化如图 6-15 所示，2015 年 10 月至 2016 年 7 月表现为先降后升再降的趋势。对 TOM 的季节性差异进行 Duncan 检验，可知 w(TOM)各季度之间均无显著差异性($P>0.05$)。普者黑村沟渠底泥稳定性较好，这可能是其有机质季节性变化不显著的原因。

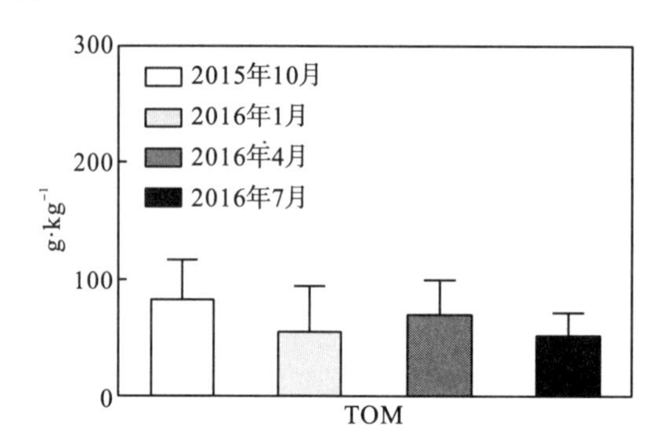

图 6-15 普者黑村沟渠底泥 TOM 季节性变化

2. 底泥有机质对氮磷形态分布的影响

将普者黑村沟渠底泥 TOM 含量与各形态氮进行相关性分析，相关系数依次为 −0.286(TN)、−0.083(IEF-N)、−0.372(WAEF-N)、0.048(SAEF-N)、−0.340(SOEF-N)，其中与 WAEF-N 和 SOEF-N 呈显著负相关($P<0.05$)，说明生态休闲型农村沟渠底泥中 TOM 的分布对 WAEF-N 和 SOEF-N 的分布影响较大。

将 TOM 含量与各形态磷进行相关性分析，相关系数依次为 0.190(TP)、−0.093(Labile-P)、0.059(RSP)、0.022(Fe/Al-P)、0.234(Ca-P)，相关性均不显著，说明生态休闲型农村沟渠底泥磷形态的分布受底泥 TOM 的影响较小。

二、水质指标对底泥氮磷分布的影响

1. 上覆水污染物对底泥氮磷分布的影响

为了分析生态休闲型农村沟渠水体与底泥污染物之间的关系，将普者黑村沟渠上覆水氮和磷分别与底泥各形态氮和磷进行相关性分析，结果如表6-6和表6-7所示。

由表6-6可知，上覆水TN与底泥TN、IEF-N和WAEF-N至少呈显著正相关($P<0.05$)，说明生态休闲型农村沟渠水体氮含量对底泥氮含量贡献较大，其中对IEF-N和WAEF-N分布的影响较大；上覆水NH_3-N与底泥IEF-N、WAEF-N和SOEF-N呈显著负相关($P<0.05$)，说明上覆水NH_3-N含量增高可能会引起底泥IEF-N、WAEF-N和SOEF-N的释放。

表6-6　普者黑村沟渠上覆水氮与底泥氮的相关性

	TN	IEF-N	WAEF-N	SAEF-N	SOEF-N
TN(水)	0.411*	0.615**	0.417*	0.125	0.279
NH_3-N	−0.198	−0.405*	−0.373*	−0.220	−0.350*

注：**在0.01水平(双侧)上显著相关($P<0.01$)；*在0.05水平(双侧)上显著相关($P<0.05$)。

由表6-7可知，上覆水各形态磷与底泥Ca-P之间均呈极显著正相关($P<0.01$)，说明生态休闲型农村沟渠水体外源磷的输入对底泥Ca-P的沉积有重要影响。

表6-7　普者黑村沟渠上覆水磷与底泥磷的相关性

	TP	Labile-P	RSP	Fe/Al-P	Ca-P
TP(水)	0.052	−0.222	−0.144	−0.098	0.675**
DTP	0.142	−0.182	−0.090	−0.038	0.717**
PO_4^{3-}-P	0.227	−0.133	−0.049	0.025	0.752**

注：**在0.01水平(双侧)上显著相关($P<0.01$)。

2. 上覆水理化指标对底泥氮磷分布的影响

为进一步研究生态休闲型农村沟渠底泥氮磷形态分布的影响因素，将普者黑村沟渠上覆水pH和E_h值分别与底泥氮磷形态进行相关性分析，结果如表6-8所示。

由表6-8可知，pH和E_h与底泥各形态氮的相关性均不显著，说明生态休闲型农村沟渠水体酸碱度和氧化还原条件可能对底泥氮的分布的影响较小。pH与底泥RSP呈显著正相关($P<0.05$)，说明水体酸碱度可能是生态休闲型农村沟渠底泥RSP分布的重要影响因子；Fe/Al-P与pH呈极显著正相关($P<0.01$)，与E_h呈显著正相关($P<0.05$)，说明水体酸碱度和氧化还原环境对底泥Fe/Al-P沉积的影响均较大。

表 6-8 普者黑村沟渠上覆水理化指标与底泥氮磷的相关性

氮形态	pH	E_h	磷形态	pH	E_h
TN	0.202	0.000	TP	0.060	0.081
IEF-N	0.276	−0.039	Labile-P	0.227	0.172
WAEF-N	0.011	0.016	RSP	0.387*	0.239
SAEF-N	−0.076	−0.021	Fe/Al-P	0.570**	0.355*
SOEF-N	0.284	−0.072	Ca-P	−0.100	−0.172

注：** 在 0.01 水平(双侧)上显著相关($P<0.01$)；* 在 0.05 水平(双侧)上显著相关($P<0.05$)。

第四节 生态休闲型农村环境污染风险评价

一、生态休闲型农村污水污染风险评价

根据第四章第 4 节中水污染风险的评价方法和污染等级划分，将普者黑村各采样点的水质指标进行污染指数(P)的计算，评价生态休闲型农村沟渠的水污染风险，结果见表 6-9。

由表 6-9 可知，各采样点污染指数均大于 3(重污染)，且 PZH 合 5 点、PZH 散 1 点和 PZH 散 5 点大于 5(严重污染)，无论集合点还是分散点均属于重污染等级，总体水质属于重污染等级，说明生态休闲型农村沟渠水污染情况相当严重。

表 6-9 普者黑村沟渠水污染指数及水质等级

集合点	P(水质等级)	分散点	P(水质等级)
PZH 合 1	4.56(重污染)	PZH 散 1	5.20(严重污染)
PZH 合 2	4.73(重污染)	PZH 散 2	4.13(重污染)
PZH 合 3	4.56(重污染)	PZH 散 3	4.93(重污染)
PZH 合 4	4.99(重污染)	PZH 散 4	4.29(重污染)
PZH 合 5	5.24(严重污染)	PZH 散 5	5.38(严重污染)
平均值	4.82(重污染)	平均值	4.79(重污染)

二、生态休闲型农村底泥污染风险评价

根据第四章第 4 节中底泥污染风险的评价方法和污染等级划分，将普者黑村各采样点的底泥氮、磷和有机质含量进行污染指数(S_{TN}、S_{TP}、OI)的计算，评价生态休闲型农村沟渠的底泥污染风险，结果如表 6-10 和表 6-11 所示。

由表 6-10 可知，除极个别点外，普者黑村各采样点 TN 和 TP 的污染指数均为 0.5～1.0，属于轻度污染等级，说明生态休闲型农村沟渠底泥氮、磷污染程度较轻。

表 6-10　普者黑村沟渠底泥氮磷污染等级

集合点	S_{TN}（污染等级）	S_{TP}（污染等级）	分散点	S_{TN}（污染等级）	S_{TP}（污染等级）
PZH 合 1	0.87（轻度污染）	0.70（轻度污染）	PZH 散 1	0.70（轻度污染）	0.98（轻度污染）
PZH 合 2	0.77（轻度污染）	0.81（轻度污染）	PZH 散 2	0.70（轻度污染）	0.59（轻度污染）
PZH 合 3	0.67（轻度污染）	0.81（轻度污染）	PZH 散 3	0.68（轻度污染）	0.67（轻度污染）
PZH 合 4	1.11（中度污染）	0.69（轻度污染）	PZH 散 4	0.77（轻度污染）	0.76（轻度污染）
PZH 合 5	0.88（轻度污染）	0.53（轻度污染）	PZH 散 5	0.75（轻度污染）	0.59（轻度污染）
平均值	0.86（轻度污染）	0.71（轻度污染）	平均值	0.72（轻度污染）	0.72（轻度污染）

由表 6-11 可知，普者黑村各采样点有机指数变化范围较大，为 0.43～1.39，PZH 合 5 点（0.43）属于中度污染等级外，其余采样点均属于重度污染等级。

总体来看，与种植型和近郊型农村类似，虽然生态休闲型农村沟渠底泥氮、磷污染程度较低，但由于有机污染程度较严重，造成综合环境污染风险较高。

表 6-11　普者黑村沟渠底泥有机污染等级

集合点	OI（污染等级）	分散点	OI（污染等级）
PZH 合 1	0.74（重度污染）	PZH 散 1	1.39（重度污染）
PZH 合 2	1.13（重度污染）	PZH 散 2	1.30（重度污染）
PZH 合 3	1.22（重度污染）	PZH 散 3	0.94（重度污染）
PZH 合 4	0.51（重度污染）	PZH 散 4	0.75（重度污染）
PZH 合 5	0.43（中度污染）	PZH 散 5	1.22（重度污染）
平均值	0.81（重度污染）	平均值	1.12（重度污染）

第五节　本 章 小 结

一、水质特征

生态休闲型农村沟渠水体 pH 较稳定，为 7～9，平均值为 7.61，属于弱碱性水体；pH 季节性变化与空间变化均不显著。E_h空间分布差异与季节性差异均不显著，所有采样点 E_h均为负值，说明生态休闲型农村沟渠水体整体属于还原性水体。

生态休闲型农村沟渠上覆水 TN 含量为 42.14～779.88mg・L^{-1}，平均值为 243.29mg・L^{-1}，季节性差异显著，最高值出现在夏季，最低值出现在秋季；TN 空间分布差异不显著。NH_3-N 含量为 4.05～26.51mg・L^{-1}，平均值为 14.73mg・L^{-1}，季节性差异显著，最高值出现在秋季，最低值出现在夏季；NH_3-N 空间分布差异不显著。TP、DTP 和 PO_4^{3-}-P 含量分别为 0.67～2.59mg・L^{-1}、0.71～2.33mg・L^{-1} 和 0.64～1.88mg・L^{-1}，平均值分别为 1.80mg・L^{-1}、1.56mg・L^{-1}和 1.21mg・L^{-1}，季节性差异均较显著，均表现为秋季显著高于其余 3 个季度；TP、DTP 和 PO_4^{3-}-P 的空间分布差异均不显著。COD 含量为 181.35～285.60mg・L^{-1}，平均值为 226.48mg・L^{-1}，季节性

差异显著，最高值出现在冬季，最低值出现在夏季；COD空间分布差异不显著。TN、NH_3-N、TP和COD含量均总体超越V类水标准，水体氮、磷和有机物含量严重超标。

上覆水pH与TN呈显著正相关，说明生态休闲型农村沟渠水体酸碱度对TN浓度的变化有较大影响；E_h与TN、NH_3-N、TP、DTP、PO_4^{3-}-P和COD的相关性均不显著，说明生态休闲型农村沟渠水体氧化还原条件对污染物浓度变化的影响均较小。

二、底泥污染特征

生态休闲型农村沟渠底泥w(TN)为3232.31～5327.67mg·kg^{-1}，平均值为3786.68mg·kg^{-1}，集合点w(TN)显著高于分散点。底泥各赋存形态氮含量大小依次为w(SOEF-N)>w(WAEF-N)>w(SAEF-N)>w(IEF-N)，空间分布均表现为集合点显著高于分散点。底泥各形态氮含量季节性变化显著。IEF-N与TN和SOEF-N呈显著正相关，与WAEF-N呈极显著正相关；WAEF-N与SAEF-N和SOEF-N呈极显著正相关。

w(TP)为1067.37～1629.60mg·kg^{-1}，平均值为1430.13mg·kg^{-1}，空间分布差异不显著。底泥各赋存形态磷含量大小依次为w(Ca-P)>w(Fe/Al-P)>w(RSP)>w(Labile-P)，集合点w(Fe/Al-P)显著高于分散点，其余磷形态空间分布差异不显著。除Ca-P外，其余磷形态均存在显著的季节性差异。TP与各赋存形态磷均至少呈显著正相关，RSP与Fe/Al-P呈极显著正相关，与Labile-P呈显著正相关。

w(TOM)为27.14～94.47g·kg^{-1}，平均值为64.76g·kg^{-1}，分散点w(TOM)显著高于集合点；w(TOM)季节性差异显著。TOM与WAEF-N和SOEF-N呈显著负相关，说明生态休闲型农村沟渠底泥中TOM的分布对WAEF-N和SOEF-N的分布影响较大。

生态休闲型农村上覆水各水质指标与底泥氮、磷形态的相关性差异较大，说明各形态氮、磷受水环境因子的影响各不相同，需要做进一步研究。

三、环境风险评价

生态休闲型农村污水水质较差，无论分散点还是集合点，均属于重污染等级。底泥氮、磷污染程度较轻，但由于较严重的有机污染水平，造成整体污染程度较高。

第七章　畜禽养殖型农村污染现状及污染物分布规律

畜禽养殖型八道哨村的采样点位如图 7-1 所示，各个采样点均采集表层水样和底泥样，每个季节(1、4、7、10 月)各采一次样，对全村沟渠水质及底泥进行检测，水质和底泥全量的分析参照国家标准方法，底泥氮磷形态参照经典文献方法。

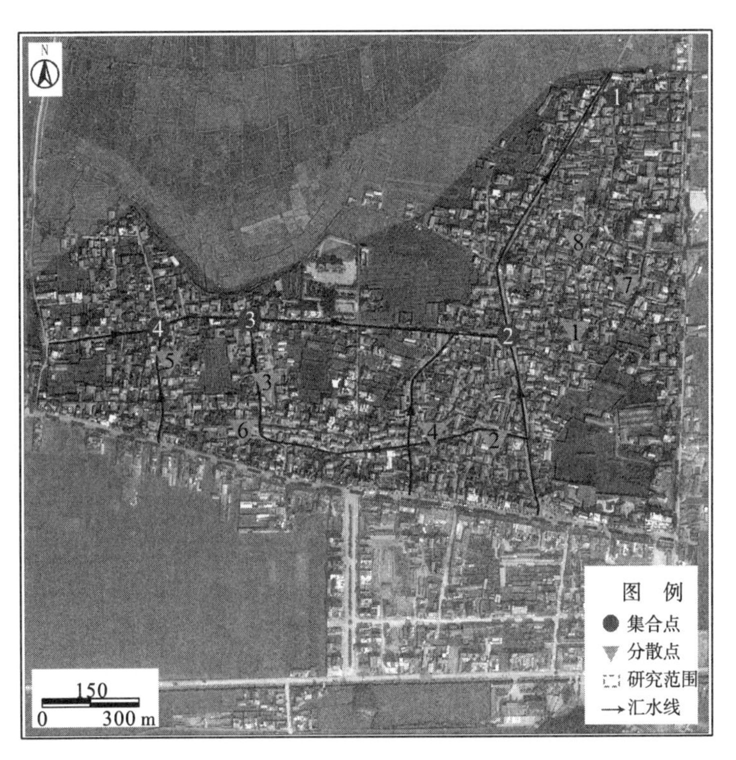

图 7-1　八道哨村采样布点示意图

第一节　水环境污染特征及分布规律

一、上覆水理化特征及演变

1. 上覆水 pH 时空分布

1)上覆水 pH 季节性变化

八道哨村沟渠上覆水不同季节 pH 如表 7-1 所示。全年 pH 为 5.68～8.40，最高值出现在2016年7月，最低值出现在2016年4月。各季度平均值呈先下降后上升趋势，分为2个阶段，2015年10月至2016年4月为下降期，2016年4月至2016年7月为上升期。总体来看，八道哨村沟渠上覆水pH季节性差异较显著，范围为5～9，春季属于弱酸性水体，其余3个季度属于弱碱性水体。

表7-1 八道哨村上覆水不同季节pH值

采样点	2015年10月	2016年1月	2016年4月	2016年7月
BDS合1	6.48	6.78	5.84	6.60
BDS合2	7.26	7.18	6.89	7.49
BDS合3	7.24	7.37	6.54	6.64
BDS合4	7.23	7.34	5.68	7.67
BDS散1	7.31	7.20	7.57	7.64
BDS散2	7.69	6.88	6.33	6.59
BDS散3	8.39	7.45	7.60	7.78
BDS散4	8.22	6.96	7.08	7.95
BDS散5	7.14	7.36	7.33	7.74
BDS散6	7.92	7.85	7.24	8.02
BDS散7	7.41	7.38	7.43	7.43
BDS散8	7.48	7.42	7.64	8.40
平均值	7.48	7.26	6.93	7.49

2）上覆水pH空间分布特征

八道哨村沟渠上覆水pH空间变化如图7-2所示。各采样点上覆水pH为6.42～7.80，平均值为7.73，最高值出现在BDS散3点，最低值出现在BDS合1点，集合点平均值低于7，分散点高于7，说明集合点水体属于弱酸性水体，分散点属于弱碱性水体。

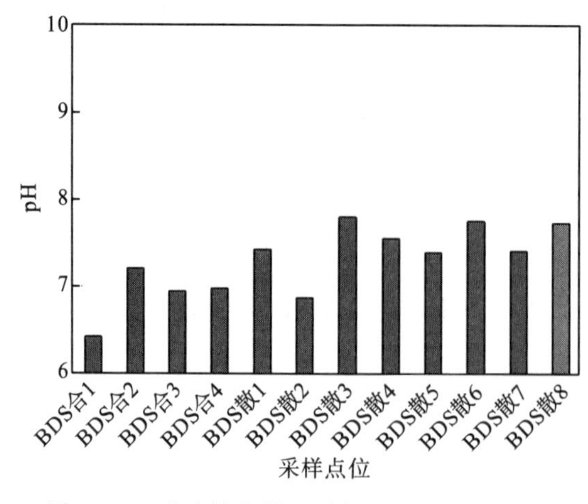

图7-2 八道哨村沟渠上覆水pH空间变化规律

2. 上覆水E_h值时空分布

1）上覆水E_h值季节性变化

八道哨村沟渠上覆水不同季节 E_h 值如表 7-2 所示。全年 E_h 值为－308.70～－16.15mV，最高值出现在 2016 年 7 月，最低值出现在 2015 年 10 月。2015 年 10 月至 2016 年 7 月呈逐渐上升的趋势。总体来看，与其余 3 类农村相似，八道哨村沟渠上覆水 E_h 均呈现负值，为还原性水体，且秋季水体还原性较强。

表 7-2　八道哨村上覆水不同季节 E_h 值(mV)

采样点	2015 年 10 月	2016 年 1 月	2016 年 4 月	2016 年 7 月
BDS 合 1	－89.15	－242.45	－271.00	－241.55
BDS 合 2	－305.85	－277.55	－310.50	－253.65
BDS 合 3	－271.60	－122.40	－123.85	－54.60
BDS 合 4	－260.90	－247.85	－158.20	－257.15
BDS 散 1	－150.40	－161.60	－169.40	－124.75
BDS 散 2	－229.60	－285.85	－228.10	－243.45
BDS 散 3	－235.20	－237.15	－272.55	－200.75
BDS 散 4	－308.70	－185.95	－191.20	－139.20
BDS 散 5	－157.40	－236.35	－285.85	－293.80
BDS 散 6	－150.65	－192.20	－193.85	－83.30
BDS 散 7	－252.40	－246.00	－187.20	－16.15
BDS 散 8	－174.30	－117.35	－36.40	－21.50
平均值	－215.51	－212.73	－202.34	－160.82

2)上覆水 E_h 值空间分布特征

八道哨村沟渠上覆水 E_h 值空间变化如图 7-3 所示。各采样点上覆水 E_h 值为－243.88～－116.18mV，平均值为－183.81mV，最高值出现在 BDS 散 8 点，最低值出现在 BDS 合 2 点，各采样点之间空间分布差异显著。

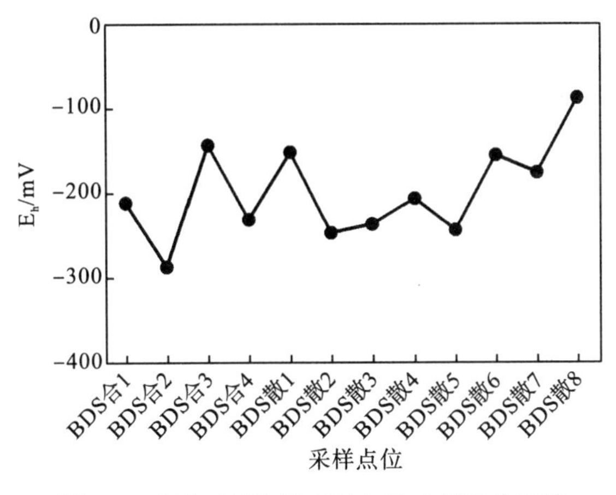

图 7-3　八道哨村沟渠上覆水 E_h 空间变化规律

二、上覆水氮形态时空分布

1. 上覆水氮形态季节性变化

八道哨村沟渠上覆水各形态氮季节变化如图 7-4 所示，2015 年 10 月至 2016 年 7 月 TN 呈现逐渐上升的趋势，NH_3-N 呈先降后升再降的趋势。上覆水 TN 含量为 49.82～1386.58mg・L^{-1}，最高值出现在 2016 年 7 月，最低值出现在 2015 年 10 月，且 2016 年 7 月 TN 含量显著高于其余 3 个季度。NH_3-N 含量为 25.54～69.82mg・L^{-1}，最高值出现在 2016 年 4 月，最低值出现在 2016 年 1 月。

7 月过后，普者黑流域雨季来临，沟渠内各污染物会被降水稀释，此外由于夏季在家务农人员减少，多数村民外出打工，从而引起污染物浓度降低，但八道哨村 TN 含量在夏季达到最高值，目前尚无法解释这一现象，需要做进一步的研究加以验证。

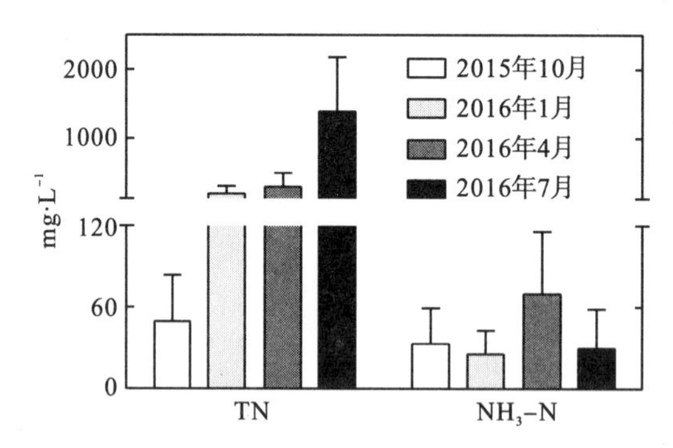

图 7-4 八道哨村沟渠上覆水氮形态季节变化

2. 上覆水氮形态空间分布特征

八道哨村沟渠上覆水各形态氮空间分布如图 7-5 所示。上覆水 TN 含量为 193.66～861.60mg・L^{-1}，平均值为 478.93mg・L^{-1}，最高值出现在 BDS 合 3 点，最低值出现在 BDS 散 4 点。上覆水 NH_3-N 含量为 21.29～69.75mg・L^{-1}，平均值为 39.31mg・L^{-1}，

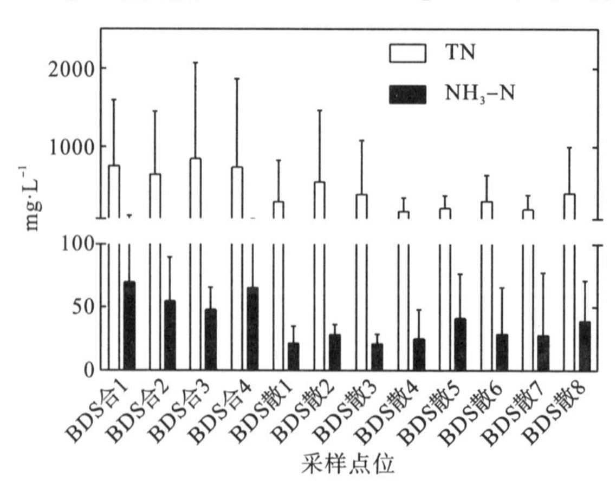

图 7-5 八道哨村沟渠上覆水氮形态空间变化规律

最高值出现在 BDS 合 1 点，最低值出现在 BDS 散 3 点。上覆水 TN 和 NH_3-N 各采样点空间分布差异显著，集合点氮含量显著高于分散点，这可能与不同家庭的不同生产方式有关。各采样点 TN 和 NH_3-N 年平均值均显著超过《地表水环境质量标准》V 类水限值（2.0mg・L^{-1}），其中 TN 含量更是超过 80 倍以上。

三、上覆水磷含量时空分布

1. 上覆水磷形态季节性变化

八道哨村沟渠上覆水各形态磷季节变化如图 7-6 所示，2015 年 10 月至 2016 年 7 月 TP、DTP 和 PO_4^{3-}-P 均呈先升后降趋势，分两个阶段，2015 年 10 月至 2016 年 4 月为上升期，从 2016 年 4 月至 7 月为下降期。上覆水 TP、DTP 和 PO_4^{3-}-P 含量分别为 1.40～10.35mg・L^{-1}、1.16～9.13mg・L^{-1}和 1.04～6.64mg・L^{-1}，最高值均出现在春季，最低值均出现在夏季。

与普者黑村相比，八道哨村在夏季的人口数量相对较少，加上雨季来临，使得夏季各形态磷含量降低，而春季属于播种季节，村民施用大量化肥，使得春季的磷含量较高。

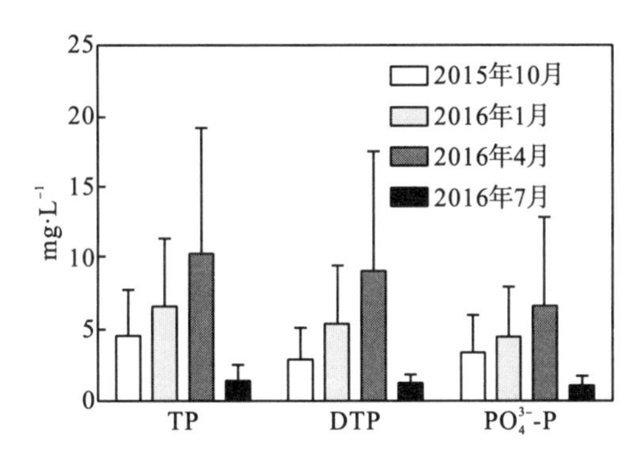

图 7-6　八道哨村沟渠上覆水磷形态季节变化

2. 上覆水磷形态空间分布特征

八道哨村沟渠上覆水各形态磷空间分布如图 7-7 所示。上覆水 TP 含量为 1.12～12.43mg・L^{-1}，平均值为 5.74mg・L^{-1}。上覆水 DTP 含量为 0.80～11.57mg・L^{-1}，平均值为 4.65mg・L^{-1}。上覆水 PO_4^{3-}-P 含量为 0.56～8.29mg・L^{-1}，平均值为 3.90mg・L^{-1}。上覆水 TP、DTP 和 PO_4^{3-}-P 最高值均出现在 PZH 合 1 点，最低值均出现在 PZH 散 2 点。各采样点之间磷形态空间分布差异显著，且集合点磷含量显著高于分散点。各采样点 TP 年平均值均显著超过 V 类水限值(0.4mg・L^{-1})。

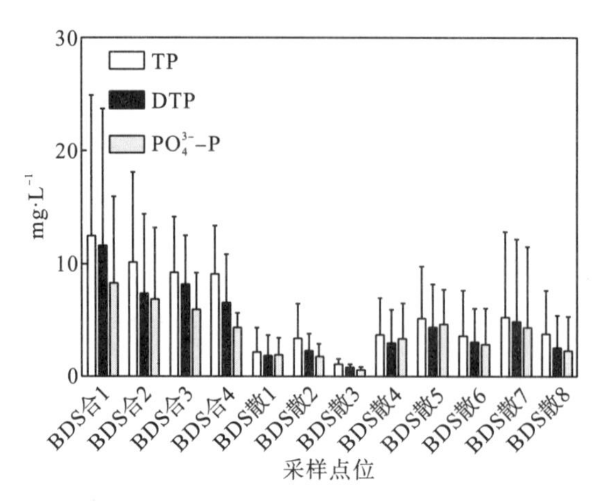

图 7-7 八道哨村沟渠上覆水磷形态空间变化规律

四、上覆水 COD 时空分布

1. 上覆水 COD 季节性变化

八道哨村沟渠上覆 COD 含量季节变化如图 7-8 所示，2015 年 10 月至 2016 年 7 月呈先升后降再升的趋势。上覆水 COD 含量为 362.45～618.85mg・L^{-1}，最高值出现在 2016 年 1 月，最低值出现在 2015 年 10 月。冬季临近春节，在外打工的村民多数回到家乡，人口数量逐渐上升，因此生活污水中各种有机污染物含量升高。夏季雨季来临，人口减少，有机污染物浓度理应下降，可是八道哨村沟渠水体中 COD 浓度反而回升，这一现象与 TN 的季节性变化规律相似，尚无法解释。

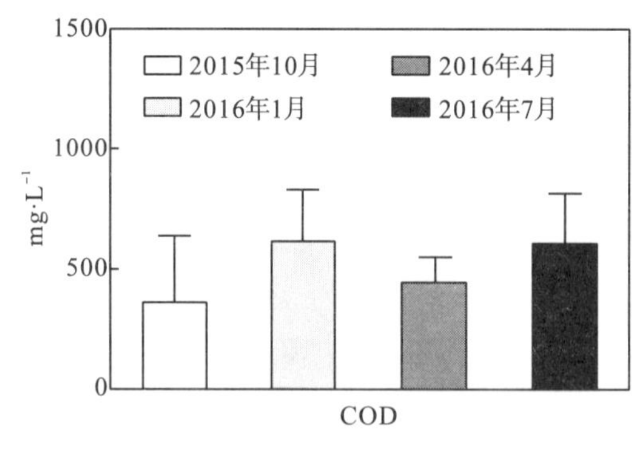

图 7-8 八道哨村沟渠上覆水 COD 季节变化

2. 上覆水 COD 空间分布特征

八道哨村沟渠上覆水 COD 空间分布如图 7-9 所示。上覆水 COD 含量为 323.28～722.16mg・L^{-1}，平均值为 507.51mg・L^{-1}，最高值出现在 BDS 散 1 点，最低值出现在 BDS 散 4 点。虽然最高值出现在分散点，但总体来看，集合点 COD 含量高于分散点，这与氮、磷元素相似，说明八道哨村沟渠水体的各污染指标的污染来源相同。各采样点各季度 COD 含量均超过《地表水环境质量标准》V 类水限值(40mg・L^{-1})，部分样点甚至达到其几倍至十几倍。

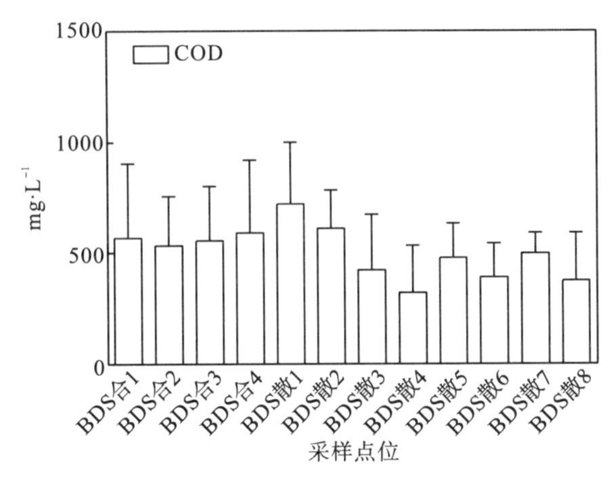

图 7-9　八道哨村沟渠上覆水 COD 空间变化规律

五、各水质指标之间的相互影响

为了更好地分析畜禽养殖型农村的污水污染特征，本研究对八道哨村各水质指标进行相关性分析，结果如表 7-3 所示。TN 与 COD 呈极显著正相关($P<0.01$)，说明畜禽养殖型农村沟渠水体 TN 含量对 COD 的分布影响较大；pH 与 NH_3-N、TP、DTP 和 PO_4^{3-}-P 均呈极显著负相关($P<0.01$)，说明畜禽养殖型农村沟渠水体磷含量和氨氮含量受水体酸碱度影响较大；各磷形态之间均呈极显著正相关($P<0.01$)，说明畜禽养殖型农村沟渠水体各磷形态之间存在相互转化的可能。

表 7-3　八道哨村上覆水各指标间的相关性

	TN	NH_3-N	TP	DTP	PO_4^{3-}-P	COD	pH	E_h
TN	1							
NH_3-N	0.195	1						
TP	−0.120	0.788**	1					
DTP	−0.089	0.781**	0.980**	1				
PO_4^{3-}-P	−0.122	0.772**	0.918**	0.922**	1			
COD	0.449**	0.086	0.062	0.071	0.066	1		
pH	−0.094	−0.452**	−0.537**	−0.545**	−0.393**	−0.136	1	
E_h	0.125	−0.136	−0.231	−0.177	−0.220	−0.063	0.100	1

注：**在 0.01 水平(双侧)上显著相关($P<0.01$)。

第二节　底泥氮磷污染特征及分布规律

一、底泥氮形态时空分布

1. 底泥氮形态空间分布特征

八道哨村沟渠底氮形态的空间分布如图 7-10 所示。不同形态氮的空间分布各不相同，w(TN)为 2901.92～6520.29mg・kg^{-1}，平均值为 3883.34mg・kg^{-1}，最高值出现在集合点(BDS 合 1 点)，最低值出现在分散点(BDS 散 7 点)。

w(TN)空间分布总体呈集合点(4949.25mg・kg^{-1})>分散点(3350.38mg・kg^{-1})，高值区主要分布在沟渠污染物汇集处(集合点)，各家各户村民(分散点)各自产生的污染物(生活污水、畜禽粪便、固体废弃物等)较为独立，但在沟渠内经过水动力作用汇流、合流后氮元素会逐渐蓄积，因此集合点 w(TN)高于分散点。

w(IEF-N)为 191.07～511.52mg・kg^{-1}，平均值为 322.53mg・kg^{-1}，与 w(TN)呈极显著正相关(r=0.433)，最高值出现在集合点(BDS 合 2 点)，最低值出现在分散点(BDS 散 3 点)，空间分布总体表现为集合点(426.52mg・kg^{-1})>分散点(270.53mg・kg^{-1})。

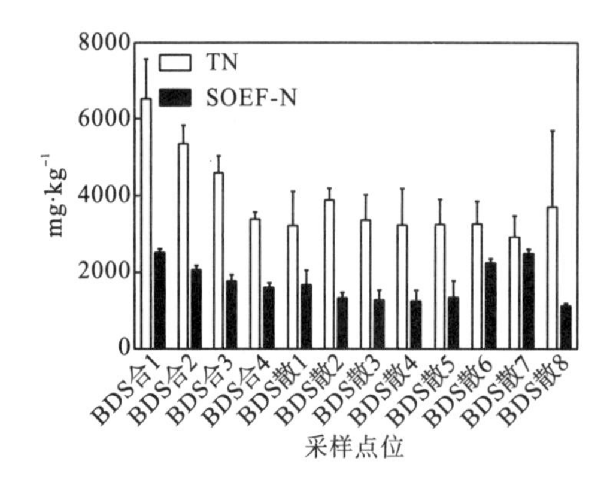

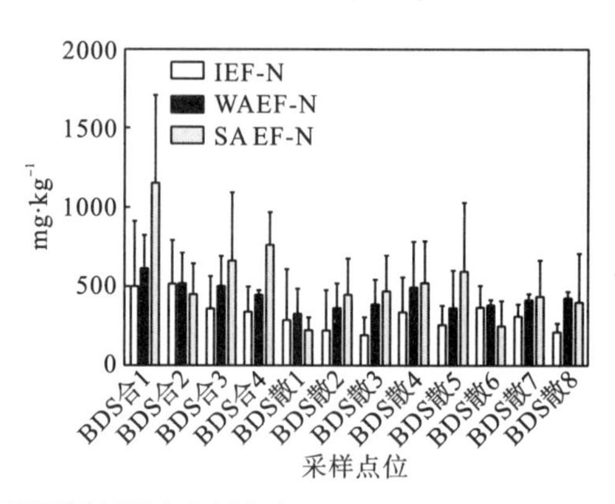

图 7-10　八道哨村沟渠底泥不同氮形态空间分布

w(WAEF-N)为 320.31～608.73mg・kg^{-1}，平均值为 432.08mg・kg^{-1}，与 w(TN)呈显著正相关(r=0.339)，最高值出现在集合点(BDS 合 1 点)，最低值出现在分散点(BDS 散 1 点)，空间分布总体呈集合点(515.33mg・kg^{-1})>分散点(390.46mg・kg^{-1})。

w(SAEF-N)为 221.63～1157.61mg・kg^{-1}，平均值为 528.90mg・kg^{-1}，与 w(TN)呈极显著正相关(r=0.453)，最高值出现在集合点(BDS 合 1 点)，最低值出现在分散点(BDS 散 1 点)，空间分布总体呈集合点(758.25mg・kg^{-1})>分散点(414.23mg・kg^{-1})。

w(SOEF-N)为 1094.58～2461.90mg・kg^{-1}，平均值为 1698.23mg・kg^{-1}，与w(TN)呈显著正相关(r=0.336)，最高值出现在集合点(BDS 合 1 点)，最低值出现在分散点(BDS 散 8 点)，空间分布总体呈集合点(1957.20mg・kg^{-1})>分散点(1568.75mg・kg^{-1})。

总体来看，畜禽养殖型农村沟渠底泥各形态氮含量大小依次为 w(SOEF-N)>w

(SAEF-N)>w(WAEF-N)>w(IEF-N)，这与其余3类农村的结果不同。集合点各形态氮含量均显著高于分散点，说明畜禽养殖型农村沟渠底泥氮在底泥中会不断蓄积，其蓄积能力高于释放能力。由于生物可利用的WAEF-N的含量较高，存在一定的氮污染风险。

2. 底泥氮形态季节性变化

八道哨村沟渠底泥不同形态氮季节变化如图7-11所示，2015年10月至2016年7月TN、IEF-N、WAEF-N和SOEF-N均呈现先升后降的趋势，而SAEF-N呈先升后降再升的趋势。

w(TN)在冬季最高，在夏季最低，对各形态氮的季节性差异进行Duncan检验，可知w(TN)在各季度之间均无显著差异($P>0.05$)，说明八道哨村沟渠底泥w(TN)季节性变化不显著。

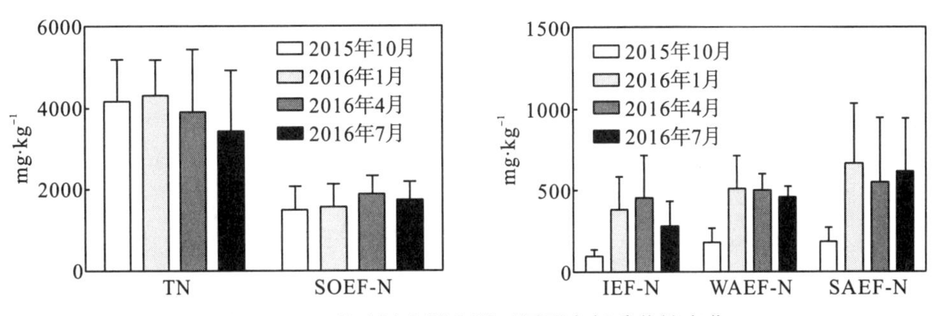

图7-11　八道哨村沟渠底泥不同形态氮季节性变化

w(IEF-N)在春季最高，在秋季最低，由Duncan检验可知，秋季w(IEF-N)显著低于其余3个季度($P<0.05$)。这可能是由于秋季八道哨村沟渠内的植物和微生物生长旺盛，底泥中的活性氮(IEF-N)在其生长过程中被吸收利用，从而使w(IEF-N)降低。

w(WAEF-N)在冬季最高，在秋季最低，由Duncan检验可知，季节性变化趋势与IEF-N相似，w(WAEF-N)秋季与其余3个季度均存在显著差异性($P<0.05$)。WAEF-N与IEF-N同为底泥中活性较强的氮形态，因此在适于生物生长的秋季，其生物可利用氮(WAEF-N)含量下降。

w(SAEF-N)在冬季最高，在秋季最低，由Duncan检验可知，w(SAEF-N)在秋季分别与春季、夏季和冬季均存在显著差异性($P<0.05$)。冬季水生植物凋亡，生物残体堆积于沟渠中，导致溶解氧含量下降，限制了底泥中铁锰氧化物结合态氮向活性氮的转化，造成SAEF-N蓄积，因此w(SAEF-N)升高。

w(SOEF-N)在春季最高，在秋季最低，由Duncan检验可知，w(SOEF-N)在各季度之间均无显著差异($P>0.05$)。

3. 底泥各形态氮之间的相互影响

将八道哨村沟渠底泥各形态氮的含量进行相关性分析，结果如表7-4所示。由表7-4可知，TN与其余各赋存形态氮均存在显著正相关($P<0.05$)，畜禽养殖型农村沟渠底泥各形态氮对TN的分布影响较大。IEF-N与其余3种赋存形态氮均存在显著正相关($P<$

0.05)，说明 IEF-N 在某种特定条件下能够与其余氮形态相互转化。WAEF-N 与 SAEF-N 呈显著正相关($P<0.05$)，说明它们之间也能够相互转化。

表 7-4 八道哨村沟渠底泥各形态氮之间的相关性

	TN	IEF-N	WAEF-N	SAEF-N	SOEF-N
TN	1				
IEF-N	0.433**	1			
WAEF-N	0.339*	0.596**	1		
SAEF-N	0.453**	0.381*	0.699*	1	
SOEF-N	0.336*	0.360*	0.289	0.261	1

注：** 在 0.01 水平(双侧)上显著相关($P<0.01$)；* 在 0.05 水平(双侧)上显著相关($P<0.05$)。

二、底泥磷形态时空分布

1. 底泥磷形态空间分布特征

八道哨村沟渠底磷形态的空间分布如图 7-12 所示。不同形态磷的空间分布各不相同，w(TP)为 1578.03～3564.20mg·kg^{-1}，平均值为 2181.73mg·kg^{-1}，最高值出现在集合点(BDS 合 1 点)，最低值出现在分散点(BDS 散 5 点)。

w(TP)空间分布总体呈集合点(2618.35mg·kg^{-1})>分散点(1963.40mg·kg^{-1})。高值区主要分布在村民生活区域(分散点)，低值区基本分布在沟渠污染物汇集处(集合点)。

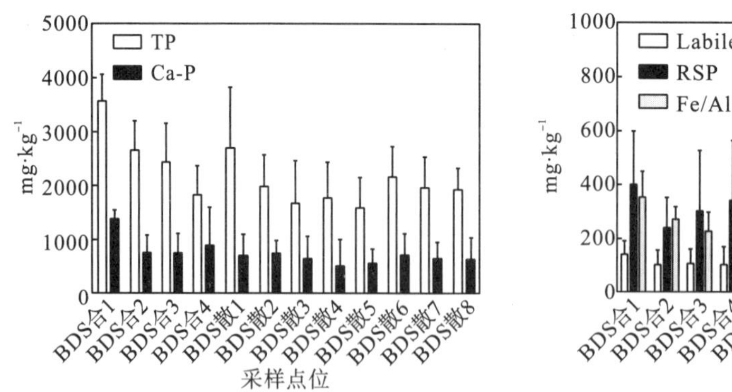

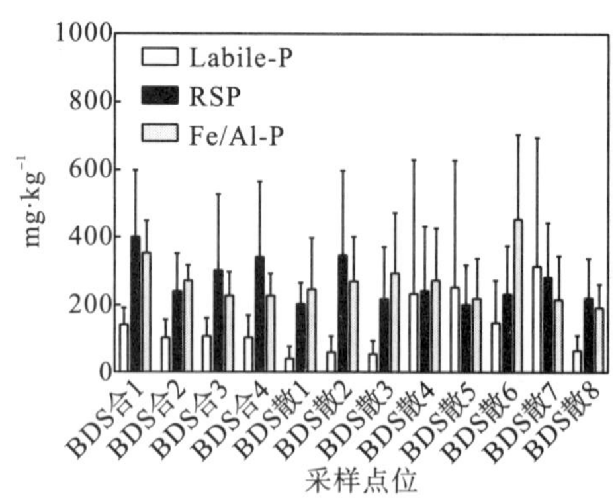

图 7-12 八道哨村沟渠底泥不同磷形态空间分布

w(Labile-P)为 38.19～309.64mg·kg^{-1}，平均值为 131.98mg·kg^{-1}，与 w(TP)呈正相关($r=0.221$)，最高值出现在分散点(BDS 散 7 点)，最低值也出现在分散点(BDS 散 1 点)，空间分布总体呈分散点(142.77mg·kg^{-1})>集合点(110.38mg·kg^{-1})。

w(RSP)为 194.91～394.53mg·kg^{-1}，平均值为 263.82mg·kg^{-1}，与 w(TP)呈显著正相关($r=0.447$)，最高值出现在集合点(BDS 合 1 点)，最低值出现在分散点(BDS 散 5 点)，空间分布总体表现为集合点(315.05mg·kg^{-1})>分散点(238.29mg·kg^{-1})。

w(Fe/Al-P)为187.97~449.37mg·kg^{-1}，平均值为265.81mg·kg^{-1}，与w(TP)呈极显著正相关(r=0.485)，最高值出现在分散点(BDS散6点)，最低值也出现在分散点(BDS散8点)，空间分布总体表现为集合点(265.25mg·kg^{-1})与分散点(266.09mg·kg^{-1})含量较接近。

w(Ca-P)为501.14~1367.93mg·kg^{-1}，平均值为733.21mg·kg^{-1}，与w(TP)呈极显著正相关(r=0.756)，最高值出现在集合点(BDS合1点)，最低值出现在分散点(BDS散4点)，空间分布总体表现为集合点(935.10mg·kg^{-1})>与分散点(632.26mg·kg^{-1})。

总体来看，畜禽养殖型农村沟渠底泥各形态磷含量大小依次为w(Ca-P)>w(Fe/Al-P)>w(RSP)>w(Labile-P)，这与其余3类农村的研究结果相同。除Fe/Al-P外，其余各形态磷的空间分布差异均比较显著，表现为集合点含量高于分散点。

2. 底泥磷形态季节性变化

八道哨村沟渠底泥不同形态磷季节变化如图7-13所示，2015年10月至2016年7月TP、RSP和Fe/Al-P呈先下降后上升趋势，Labile-P和Ca-P呈逐渐上升趋势。

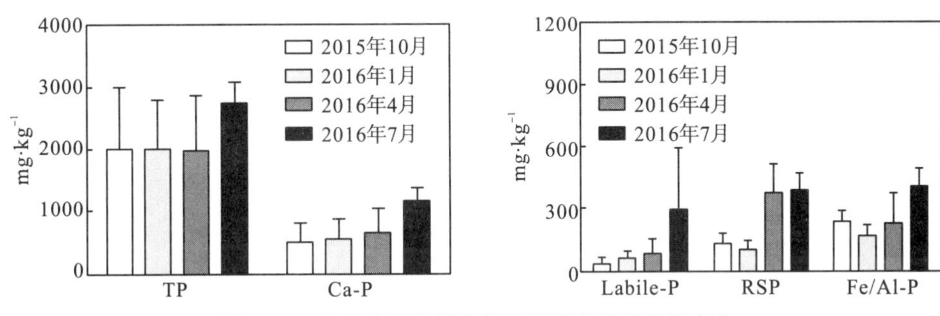

图7-13 八道哨村沟渠底泥不同形态磷季节性变化

w(TP)在夏季最高，在春季最低，对各形态磷的季节性差异进行Duncan检验，可知w(TP)在夏季显著高于其余3个季度(P<0.05)，这可能是由于畜禽养殖型农村夏季磷肥使用量较高所致。

w(Labile-P)在夏季最高，在秋季最低，由Duncan检验可知，w(Labile-P)在夏季与其余3个季度均存在显著差异性(P<0.05)，温度较高会促进Labile-P在底泥中沉积，夏季普者黑流域温度较高，从而造成w(Labile-P)上升。

w(RSP)在夏季最高，在冬季最低，由Duncan检验可知，w(RSP)在春季和夏季显著高于秋季和冬季(P<0.05)。RSP以铁结合态磷为主，上覆水含氧量低的条件利于其释放。冬季天气寒冷干燥，水生生物消亡，导致水体含氧量下降，这能促进RSP释放，导致w(RSP)降低。

w(Fe/Al-P)在夏季最高，在冬季最低，由Duncan检验可知，w(Fe/Al-P)夏季显著高于其余3个季度(P<0.05)。

w(Ca-P)在夏季最高，在秋季最低，由Duncan检验可知，与w(Fe/Al-P)相似，w(Ca-P)在夏季显著高于其余3个季度(P<0.05)，说明畜禽养殖型农村沟渠底泥中Ca-P在春、秋和冬季较稳定，夏季容易释放。

3. 底泥各形态磷之间的相互影响

将八道哨村沟渠底泥各形态磷的含量进行相关性分析，结果如表 7-5 所示。由表 7-5 可知，TP 与 RSP 呈显著正相关($P<0.05$)，与 Fe/Al-P 和 Ca-P 呈极显著正相关($P<0.01$)，说明除 Labile-P 外，其余 3 个形态磷对畜禽养殖型农村沟渠底泥 TP 的分布有较大影响。各赋存形态氮(Labile-P、RSP、Fe/Al-P 和 Ca-P)相互之间相关性较显著，说明畜禽养殖型农村沟渠底泥各形态磷之间可能在某种环境条件下发生相互转化。

表 7-5 八道哨村沟渠底泥各形态磷之间的相关性

	TP	Labile-P	RSP	Fe/Al-P	Ca-P
TP	1				
Labile-P	0.221	1			
RSP	0.447*	0.324*	1		
Fe/Al-P	0.485**	0.490**	0.445*	1	
Ca-P	0.756**	0.363*	0.645**	0.528**	1

注：** 在 0.01 水平(双侧)上显著相关($P<0.01$)；* 在 0.05 水平(双侧)上显著相关($P<0.05$)。

第三节 底泥氮磷分布的影响因素分析

一、底泥有机质对氮磷分布的影响

1. 底泥有机质时空分布

1)底泥有机质空间分布特征

八道哨村沟渠底 TOM 的空间分布如图 7-14 所示，w(TOM)为 84.99～206.95g·kg^{-1}，平均值为 142.72g·kg^{-1}，最高值出现在分散点(BDS 散 2 点)，最低值也出现在分散点(BDS 散 5 点)，空间分布总体表现为集合点(148.86g·kg^{-1})与分散点(139.6g·kg^{-1})含量较接近。

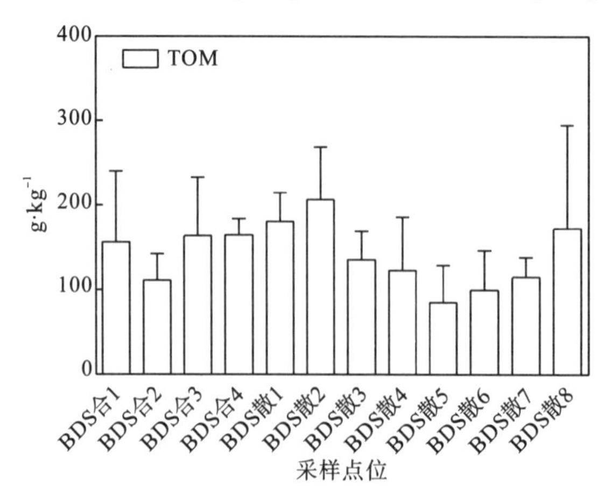

图 7-14 八道哨村沟渠底泥 TOM 空间分布

2)底泥有机质季节性变化

八道哨村沟渠底泥 TOM 季节变化如图 7-15 所示，2015 年 10 月至 2016 年 7 月表现为先升后降的趋势。对 TOM 的季节性差异进行 Duncan 检验，可知 w(TOM)各季度之间均无显著差异性(P>0.05)。八道哨村沟渠底泥稳定性较好，这可能是其有机质季节性变化不显著的原因。

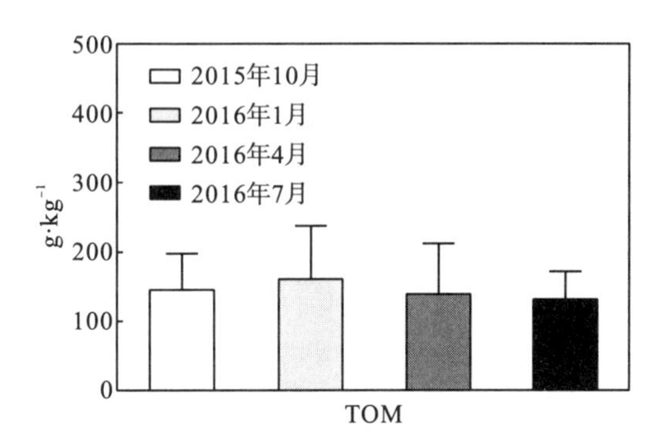

图 7-15 八道哨村沟渠底泥 TOM 季节性变化

2. 底泥有机质对氮磷形态分布的影响

将八道哨村沟渠底泥 TOM 含量与各形态氮进行相关性分析，相关系数依次为 0.280(TN)、0.097(IEF-N)、−0.044(WAEF-N)、0.021(SAEF-N)、−0.217(SOEF-N)，相关性均不显著，说明畜禽养殖型农村沟渠底泥氮形态的分布受底泥 TOM 的影响较小。

将 TOM 含量与各形态磷进行相关性分析，相关系数依次为 0.181(TP)、−0.330(Labile-P)、0.094(RSP)、−0.262(Fe/Al-P)、0.169(Ca-P)，其中与 Labile-P 呈显著负相关(P<0.05)，说明畜禽养殖型农村沟渠底泥中 TOM 的分布对 Labile-P 的分布影响较大。

二、水质指标对底泥氮磷分布的影响

1. 上覆水污染物对底泥氮磷分布的影响

为了分析畜禽养殖型农村沟渠水体与底泥污染物之间的关系，将八道哨村沟渠上覆水氮和磷分别与底泥各形态氮和磷进行相关性分析，结果如表 7-6 和表 7-7 所示。

由表 7-6 可知，上覆水 NH_3-N 与底泥 TN 和 IEF-N 呈显著正相关(P<0.05)，说明上覆水 NH_3-N 对底泥氮含量贡献较大，且其含量增高可能会引起底泥 IEF-N 的沉积。

表 7-6 八道哨村沟渠上覆水氮与底泥氮的相关性

	TN	IEF-N	WAEF-N	SAEF-N	SOEF-N
TN(水)	0.069	0.036	0.246	0.240	0.101
NH_3-N	0.334*	0.523*	0.249	0.136	0.270

注：*在 0.05 水平(双侧)上显著相关(P<0.05)。

由表 7-7 可知，除上覆水 PO_4^{3-}-P 与底泥 Ca-P 之间呈极显著正相关之外，其余上覆水形态磷与底泥磷均无显著相关性，说明畜禽养殖型农村沟渠水体磷可能对底泥磷的分布影响较小。

表 7-7　八道哨村沟渠上覆水磷与底泥磷的相关性

	TP	Labile-P	RSP	Fe/Al-P	Ca-P
TP(水)	0.212	−0.164	0.191	−0.217	0.064
DTP	0.242	−0.138	0.244	−0.200	0.110
PO_4^{3-}−P	0.227	−0.133	−0.049	0.025	0.752**

注：** 在 0.01 水平(双侧)上显著相关(P<0.01)。

2. 上覆水理化指标对底泥氮磷分布的影响

为进一步研究畜禽养殖型农村沟渠底泥氮磷形态分布的影响因素，将八道哨村沟渠上覆水 pH 和 E_h值分别与底泥氮磷形态进行相关性分析，结果如表 7-8 所示。

由表 7-8 可知，pH 与 TN、IEF-N、WAEF-N 和 SAEF-N 呈极显著负相关(P<0.01)，说明水环境酸碱度对畜禽养殖型农村沟渠底泥 TN、IEF-N、WAEF-N 和 SAEF-N 的释放有较大影响；E_h 与 TN 呈显著负相关(P<0.05)，说明水环境氧化还原条件对底泥 TN 的释放有一定影响。pH 与底泥 TP 呈显著负相关(P<0.05)，与 RSP 呈极显著负相关(P<0.01)，说明水体酸碱度能在一定程度上影响底泥 TP 和 RSP 的释放。

表 7-8　八道哨村沟渠上覆水理化指标与底泥氮磷的相关性

氮形态	pH	E_h	磷形态	pH	E_h
TN	−0.560**	−0.305*	TP	−0.356*	0.126
IEF-N	−0.430**	−0.093	Labile-P	0.129	0.154
WAEF-N	−0.404**	−0.007	RSP	−0.454**	0.131
SAEF-N	−0.390**	−0.228	Fe/Al-P	0.082	0.105
SOEF-N	−0.284	−0.079	Ca-P	−0.198	0.102

注：** 在 0.01 水平(双侧)上显著相关(P<0.01)；* 在 0.05 水平(双侧)上显著相关(P<0.05)。

第四节　畜禽养殖型农村环境污染风险评价

一、畜禽养殖型农村污水污染风险评价

根据第四章第 4 节中水污染风险的评价方法和污染等级划分，将八道哨村各采样点的水质指标进行污染指数(P)的计算，评价生态休闲型农村沟渠的水污染风险，结果见表 7-9。

由表 7-9 可知，各采样点污染指数均大于 5(严重污染)，无论集合点还是分散点均属于重污染等级，总体水质属于重污染等级，且集合点水体污染程度比分散点更严重，说

明畜禽养殖型农村沟渠水污染情况相当严重，其中沟渠污染物汇集处污染程度显著高于各家各户村民排污口。

表 7-9　八道哨村沟渠水污染指数及水质等级

集合点	P(水质等级)	分散点	P(水质等级)
BDS 合 1	7.79(严重污染)	BDS 散 1	5.35(严重污染)
BDS 合 2	7.42(严重污染)	BDS 散 2	6.43(严重污染)
BDS 合 3	7.69(严重污染)	BDS 散 3	5.46(严重污染)
BDS 合 4	7.52(严重污染)	BDS 散 4	5.00(严重污染)
		BDS 散 5	5.53(严重污染)
		BDS 散 6	5.69(严重污染)
		BDS 散 7	5.45(严重污染)
		BDS 散 8	6.10(严重污染)
平均值	7.61(严重污染)	平均值	5.63(严重污染)

二、畜禽养殖型农村底泥污染风险评价

根据第四章第 4 节中底泥污染风险的评价方法和污染等级划分，将八道哨村各采样点的底泥氮、磷和有机质含量进行污染指数(S_{TN}、S_{TP}、OI)的计算，评价畜禽养殖型农村沟渠的底泥污染风险，结果如表 7-10 和表 7-11 所示。

由表 7-10 可知，八道哨村沟渠集合点的底泥氮、磷平均值均属于中度污染等级，分散点平均值均属于轻度污染等级，说明畜禽养殖型农村沟渠底泥氮、磷污染程度较高，其中集合点污染程度高于分散点。

表 7-10　八道哨村沟渠底泥氮磷污染等级

集合点	S_{TN}(污染等级)	S_{TP}(污染等级)	分散点	S_{TN}(污染等级)	S_{TP}(污染等级)
BDS 合 1	1.38(中度污染)	1.78(重度污染)	BDS 散 1	0.65(轻度污染)	1.35(中度污染)
BDS 合 2	1.13(中度污染)	1.33(中度污染)	BDS 散 2	0.84(轻度污染)	0.99(轻度污染)
BDS 合 3	0.98(轻度污染)	1.22(中度污染)	BDS 散 3	0.71(轻度污染)	0.83(轻度污染)
BDS 合 4	0.72(轻度污染)	0.91(轻度污染)	BDS 散 4	0.68(轻度污染)	0.88(轻度污染)
			BDS 散 5	0.75(轻度污染)	0.79(轻度污染)
			BDS 散 6	0.74(轻度污染)	1.08(中度污染)
			BDS 散 7	0.66(轻度污染)	0.98(轻度污染)
			BDS 散 8	0.79(轻度污染)	0.96(轻度污染)
平均值	1.05(中度污染)	1.31(中度污染)	平均值	0.73(轻度污染)	0.98(轻度污染)

由表 7-11 可知，八道哨村各采样点有机指数变化范围较大，为 0.97～5.08，不论集合点还是分散点，所有采样点以及平均值的污染等级均属于重度污染等级。

总体来看，畜禽养殖型农村沟渠底泥不但氮、磷污染程度严重，且有机污染程度也相当严重，说明其综合环境污染风险极高。

表 7-11 八道哨村沟渠底泥有机污染等级

集合点	OI(污染等级)	分散点	OI(污染等级)
BDS合1	2.25(重度污染)	BDS散1	2.87(重度污染)
BDS合2	1.70(重度污染)	BDS散2	3.04(重度污染)
BDS合3	3.18(重度污染)	BDS散3	1.90(重度污染)
BDS合4	2.31(重度污染)	BDS散4	1.59(重度污染)
		BDS散5	0.97(重度污染)
		BDS散6	1.73(重度污染)
		BDS散7	2.68(重度污染)
		BDS散8	5.08(重度污染)
平均值	2.36(重度污染)	平均值	2.48(重度污染)

第五节 本章小结

一、水质特征

畜禽养殖型农村沟渠水体 pH 变化范围较大，为 5～9，平均值为 7.73，pH 季节性变化与空间变化均较为显著。其中，春季属于弱酸性水体，夏季、秋季和冬季属于弱碱性水体；集合点属于弱酸性水体，分散点属于弱碱性水体。E_h空间分布差异与季节性差异均较为显著，所有采样点 E_h均为负值，说明生态休闲型农村沟渠水体整体属于还原性水体。其中，秋季还原性显著强于春季、夏季和冬季；集合点还原性强于分散点。

畜禽养殖型农村沟渠上覆水 TN 和 NH_3-N 含量分别为 49.82～1386.58mg·L^{-1}和 25.54～69.82mg·L^{-1}，平均值分别为 478.93mg·L^{-1}和 39.31mg·L^{-1}。TN 和 NH_3-N 季节性差异均较显著，TN 最高值出现在夏季，最低值出现在秋季；NH_3-N 最高值出现在春季，最低值出现在冬季。TN 和 NH_3-N 空间分布差异均较显著，均表现为集合点显著高于分散点。TP、DTP 和 PO_4^{3-}－P 含量分别为 1.40～10.35mg·L^{-1}、1.16～9.13mg·L^{-1}和 1.04～6.64mg·L^{-1}，平均值分别为 5.74mg·L^{-1}、4.65mg·L^{-1}和 3.90mg·L^{-1}，季节性差异均较显著，均表现为春季显著高于其余 3 个季度；TP、DTP 和 PO_4^{3-}-P 的空间分布差异均较显著，表现为集合点显著高于分散点。COD 含量为 362.45～618.85mg·L^{-1}，平均值为 507.51mg·L^{-1}，季节性差异显著，夏季和冬季显著高于春季和秋季；COD 空间分布较显著，集合点显著高于分散点。TN、NH_3-N、TP 和 COD 含量均超越 V 类水标准，水体氮、磷和有机物含量严重超标。

上覆水 pH 与 NH_3-N、TP、DTP 和 PO_4^{3-}-P 呈极显著负相关，说明畜禽养殖型农村沟渠水体酸碱度对 NH_3-N、TP、DTP 和 PO_4^{3-}-P 的浓度变化影响较大；E_h与 TN、NH_3-N、TP、DTP、PO_4^{3-}-P 和 COD 的相关性均不显著，说明畜禽养殖型农村沟渠水体氧化还原条件对污染物浓度变化的影响均较小。

二、底泥污染特征

畜禽养殖型农村沟渠底泥 w(TN)为 2901.92～6520.29mg·kg^{-1}，平均值为 3883.34mg·kg^{-1}，集合点 w(TN)显著高于分散点。底泥各赋存形态氮含量大小依次为 w(SOEF-N)＞w(SAEF-N)＞w(WAEF-N)＞w(IEF-N)，空间分布均表现为集合点显著高于分散点。底泥 TN 和 SOEF-N 季节性变化差异不显著，IEF-N、WAEF-N 和 SAEF-N 季节性变化显著。TN 与 IEF-N 和 SAEF-N 呈极显著正相关，与 WAEF-N 和 SOEF-N 呈显著正相关；IEF-N 与 WAEF-N 呈极显著正相关，与 SAEF-N 和 SOEF-N 呈显著正相关；WAEF-N 与 SAEF-N 呈显著正相关。

w(TP)为 1578.03～3564.20mg·kg^{-1}，平均值为 2181.73mg·kg^{-1}，集合点显著高于分散点。底泥各赋存形态磷含量大小依次为 w(Ca-P)＞w(Fe/Al-P)＞w(RSP)＞w(Labile-P)。w(Labile-P)表现为分散点显著高于集合点，w(RSP)和 w(Ca-P)表现为集合点显著高于分散点，w(Fe/Al-P)空间分布差异不显著。各磷形态均存在显著的季节性差异。TP 与 RSP 呈显著正相关，与 Fe/Al-P 和 Ca-P 呈极显著正相关；各赋存形态磷之间均至少呈显著正相关。

w(TOM)为 84.99～206.95g·kg^{-1}，平均值为 142.72g·kg^{-1}，空间差异与季节性差异均不显著。TOM 与 Labile-P 呈显著负相关，说明畜禽养殖型农村沟渠底泥中 TOM 的分布对 Labile-P 的分布影响较大。

畜禽养殖型农村上覆水各水质指标与底泥氮、磷形态的相关性差异较大，说明各形态氮、磷受水环境因子的影响各不相同，需要做进一步研究。

三、环境风险评价

畜禽养殖型农村污水污染程度极高，无论分散点还是集合点，均属于严重污染等级。底泥氮、磷、有机污染程度均比较严重，其中集合点氮和磷属于中度污染，有机污染属于重度污染，整体环境污染风险极高。

第八章　不同类型农村环境污染差异性分析

第一节　不同类型农村沟渠水环境污染差异性分析

为分析不同类型农村沟渠水环境的污染差异性，利用 SPSS17.0 对不同类型农村沟渠水体各水质指标进行方差分析(单因素 ANOVA)，结果如表 8-1 所示。由表 8-1 可知，不同水质指标在不同类型农村所表现出的差异性各不相同。下面将对各水质指标在不同类型农村的差异性进行具体分析。

表 8-1　不同类型农村水质指标平均值和多重比较

水质指标	种植型	近郊型	生态休闲型	畜禽养殖型
pH	7.82±0.06b	7.68±0.09b	7.63±0.05b	7.29±0.08a
E_h/(mV)	−93.88±14.40c	−157.95±13.07b	−183.17±9.75ab	−197.85±11.29a
TN/($mg \cdot L^{-1}$)	53.60±10.63a	243.71±61.26a	247.75±50.98a	478.93±96.73b
NH_3-N/($mg \cdot L^{-1}$)	5.91±1.17a	10.62±1.68a	12.70±2.91a	39.31±5.13b
TP/($mg \cdot L^{-1}$)	0.60±0.15a	1.07±0.16a	1.57±0.30a	5.74±0.88b
DTP/($mg \cdot L^{-1}$)	0.38±0.10a	0.83±0.16a	1.31±0.30a	4.65±0.80b
PO_4^{3-}-P/($mg \cdot L^{-1}$)	0.33±0.09a	0.75±0.15a	1.03±0.24a	3.90±0.61b
COD/($mg \cdot L^{-1}$)	218.20±28.83a	258.04±27.54a	217.90±24.38a	507.51±33.43b

注：表中数据为平均值±标准误；相同字母表示各水质指标在不同类型农村不存在显著性的差异($P>0.05$)。

一、上覆水理化指标差异性分析

1. 上覆水 pH 差异性

不同类型农村沟渠上覆水 pH 由大到小表现为种植型>近郊型>生态休闲型>畜禽养殖型，畜禽养殖型农村 pH 最低，年平均值为 7.29，显著低于其余 3 类农村($P<0.05$)，如表 8-1 所示。其余 3 类农村之间均无显著差异性，年平均值分别为 7.82、7.68 和 7.63。各类型农村沟渠水体均呈碱性，其中畜禽养殖型农村碱性最弱。

2. 上覆水 E_h值差异性

不同类型农村沟渠上覆水 E_h值由大到小表现为种植型>近郊型>生态休闲型>畜禽养殖型，种植型农村 E_h值最高，年平均值为−93.88mV，显著高于其余 3 类农村($P<$

0.05)，其余 3 类农村年平均值分别为−157.95mV、−183.17mV 和−197.85mV，如表 8-1 所示。各类型农村沟渠水体均为还原性水体，其中种植型农村水体还原性显著弱于其余 3 类农村。

二、上覆水氮形态含量差异性分析

各村沟渠上覆水 TN 和 NH_3-N 含量由大到小均表现为畜禽养殖型>生态休闲型>近郊型>种植型，如图 8-1 所示。结合图 8-1 和表 8-1 可知，畜禽养殖型农村 TN 和 NH_3-N 含量最高，年平均值分别为 478.93mg・L^{-1}和 39.31mg・L^{-1}，显著高于其余 3 类农村($P<0.05$)；种植型(53.60mg・L^{-1} 和 5.91mg・L^{-1})、近郊型(243.71mg・L^{-1} 和 10.62mg・L^{-1})和生态休闲型(247.75mg・L^{-1} 和 12.70mg・L^{-1})农村相互之间 TN 和 NH_3-N 含量均无显著差异($P>0.05$)。

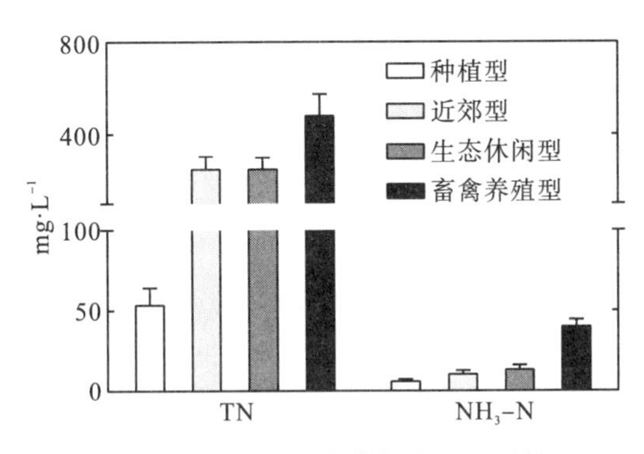

图 8-1 各村沟渠水体氮含量差异性

各村沟渠水体 TN 和 NH_3-N 含量均显著超过《地表水环境质量标准》(GB3838−2002)的 V 类水标准(2.0mg・L^{-1})，表明各村沟渠水环境氮污染情况极为严重。种植型农村水体氮含量最低，TN 和 NH_3-N 含量分别为 53.60mg・L^{-1}和 5.91mg・L^{-1}，其中 TN 含量超过了《城镇污水处理厂排放标准》(GB18918−2002)最高限值(一级 B 标：20mg・L^{-1})；近郊型和生态休闲型农村水体氮含量较接近，前者 TN 和 NH_3-N 含量分别为 243.71mg・L^{-1} 和 10.62 和 mg・L^{-1}，后者农村 TN 和 NH_3-N 含量分别为 247.75mg・L^{-1}和 12.70mg・L^{-1}，其中 TN 含量均达到一级 B 标的 10 倍以上；畜禽养殖型农村氮含量最高，TN 和 NH_3-N 含量分别为 478.93mg・L^{-1}和 39.31mg・L^{-1}，其中 TN 含量达到一级 B 标的 20 倍以上。

畜禽养殖型农村沟渠水体氮污染程度最为严重，显著高于其余 3 类农村。

三、上覆水磷形态含量差异性分析

各村沟渠上覆水 TP、DTP 和 PO_4^{3-}-P 含量由大到小均表现为畜禽养殖型>生态休闲型>近郊型>种植型，如图 8-2 所示。结合图 8-2 和表 8-1 可知，畜禽养殖型农村 TP、DTP 和 PO_4^{3-}-P 含量最高，年平均值分别为 5.74mg・L^{-1}、4.65mg・L^{-1} 和

3.90mg·L^{-1}，显著高于其余3类农村($P<0.05$)。种植型(0.60mg·L^{-1}、0.38mg·L^{-1}和0.33mg·L^{-1})、近郊型(1.07mg·L^{-1}、0.83mg·L^{-1}和0.75mg·L^{-1})和生态休闲型(1.57mg·L^{-1}、1.31mg·L^{-1}和1.03mg·L^{-1})农村相互之间TP、DTP和PO_4^{3-}-P含量均无显著差异($P>0.05$)。

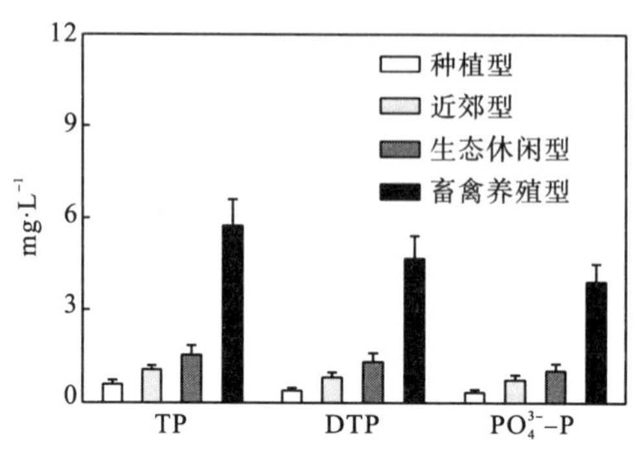

图 8-2 各村沟渠水体磷含量差异性

各类型农村TP含量均超过《地表水环境质量标准》的V类水标准(0.4mg·L^{-1})，表现出严重的磷污染状况。种植型农村沟渠水体磷污染较轻，TP含量在《城镇污水处理厂排放标准》的一级排放标准限值内(0.5～1.0mg·L^{-1})；集镇型和生态休闲型农村水体磷污染情况稍稍加重，TP含量超过一级标准，但未超过二级标准(3mg·L^{-1})；畜禽养殖型农村沟渠水体磷污染最为严重，TP含量超过了《城镇污水处理厂排放标准》的最高限值(三级标准：5mg·L^{-1})。

四、上覆水COD含量差异性分析

各村沟渠上覆水COD含量由大到小均表现为畜禽养殖型>近郊型>种植型>生态休闲型，如图8-3所示。结合图8-3和表8-1可知，畜禽养殖型农村COD含量最高，年平均值为507.51mg·L^{-1}，显著高于其余3类农村($P<0.05$)。种植型(218.20mg·L^{-1})、近郊型(258.04mg·L^{-1})和生态休闲型(217.90mg·L^{-1})农村相互之间TN和NH_3-N含量均无显著差异($P>0.05$)。

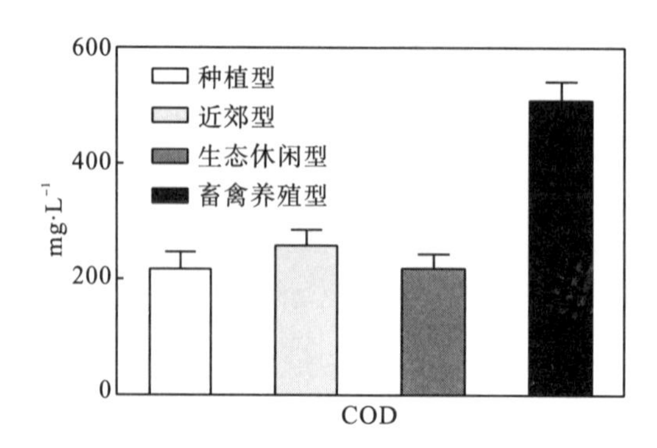

图 8-3 各村沟渠水体COD含量差异性

各村沟渠水体 w(COD) 均显著超过《地表水环境质量标准》的 V 类水标准 (40.0mg・L^{-1})，表明各村沟渠水环境有机污染情况极为严重。畜禽养殖型农村沟渠水体有机污染最为严重，COD 含量达到了《城镇污水处理厂排放标准》的最高限值(三级标准：120mg・L^{-1})4 倍以上；其余 3 类农村水环境有机污染程度相对较轻，但 COD 含量也达到了三级标准的 2 倍左右。

总体来看，不同类型农村沟渠上覆水各水质指标均表现为畜禽养殖型农村显著高于其余 3 类农村，说明畜禽养殖型农村水污染程度最为严重，而种植型农村是水质最好的农村类型。

第二节　不同类型农村沟渠底泥污染差异性分析

一、底泥氮污染差异性分析

为进一步分析不同类型农村沟渠底泥的氮污染差异性，利用 SPSS17.0 对不同类型农村沟渠水体各形态氮进行方差分析(单因素 ANOVA)，结果如表 8-2 所示。由表 8-2 可知，不同形态氮在不同类型农村所表现出的差异性各不相同。下面将对各形态氮含量在不同类型农村的差异性进行具体分析。

表 8-2　不同类型农村底泥氮形态平均值和多重比较(mg・kg^{-1})

氮形态	种植型	近郊型	生态休闲型	畜禽养殖型
TN	2712.83±794.26a	3451.58±1422.03b	3867.82±986.86b	3935.87±1284.20b
IEF-N	117.59±55.78a	159.01±64.19a	241.70±163.79b	324.15±225.57c
WAEF-N	236.44±129.47a	351.58±189.82b	366.34±180.13bc	433.83±176.39c
SAEF-N	306.67±264.84a	280.41±175.33a	345.31±272.51a	535.14±366.79b
SOEF-N	1190.54±516.26a	1191.64±575.40a	1442.35±401.26b	1685.08±511.00c

注：表中数据为平均值±标准误；相同字母表示各污染物在不同类型农村不存在显著性的差异($P>0.05$)。

1. 底泥 TN 含量差异性

不同类型农村沟渠底泥 w(TN)由大到小表现为畜禽养殖型>生态休闲型>近郊型>种植型，如图 8-4 所示。结合图 8-4 和表 8-2 可知，种植型农村 w(TN)最低，年平均值为 2712.83mg・kg^{-1}，显著低于其余 3 类农村($P<0.05$)；其余 3 类农村 w(TN)相互之间均无显著差异性，年平均值分别为 3451.58mg・kg^{-1}、3867.82mg・kg^{-1}和 3935.87mg・kg^{-1}。根据《沉积物质量指南》的底泥 TN 分类标准，能引起最低级别和严重级别生态毒效应的w(TN)分别为 550mg・kg^{-1}和 4800mg・kg^{-1}。由此推断，各类型农村沟渠底泥的氮含量均能引起最低级别的生态毒效应，这将对农村生态环境造成不小的污染风险。

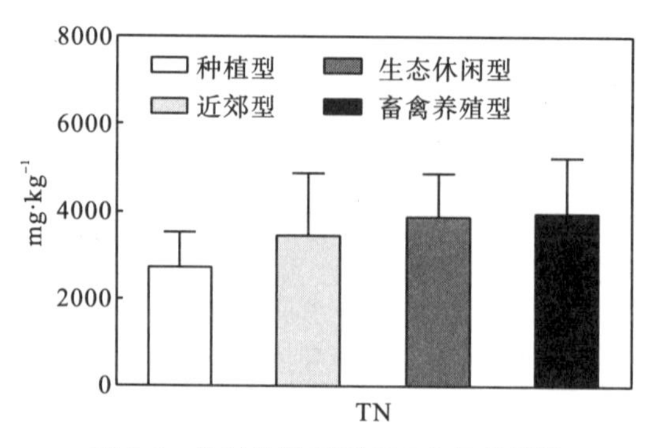

图 8-4 各村沟渠底泥 TN 含量差异性

造成畜禽养殖型农村 w(TN)过高的原因可能是由于畜禽养殖型农村以畜禽养殖为主，畜禽粪便中的氮含量较高，其人均养殖量巨大(八道哨村大型牲口养殖量为 7 头/人/年)，导致沟渠底泥氮含量过高；其余 3 类农村养殖量较低，对沟渠排放的氮含量较低，因此底泥中蓄积的氮含量低于畜禽养殖型农村。沟渠底泥氮含量过高可能带来一系列的农村环境问题：氮在沟渠中堆积发酵后，会产生氨气等有害气体，对环境空气质量造成严重污染；畜禽粪便中的高含量氮能通过地表径流污染地表水和地下水；粪便中含有大量病原微生物和寄生虫，如不及时处理会使环境中病原微生物种类增多，引起人畜共患病的发生。

2. 底泥 IEF-N 含量差异性

各村 w(IEF-N)由大到小表现为畜禽养殖型>生态休闲型>近郊型>种植型，如图 8-5 所示。结合图 8-5 和表 8-2 可知，畜禽养殖型农村 w(IEF-N)最高，年平均值为 324.15mg・kg^{-1}，显著高于其余 3 类农村($P<0.05$)；其次是生态休闲型农村，年平均值为 241.70mg・kg^{-1}，显著高于种植型和近郊型农村($P<0.05$)；种植型和集镇型农村最低，年平均值分别为 117.59mg・kg^{-1}和 159.01mg・kg^{-1}。

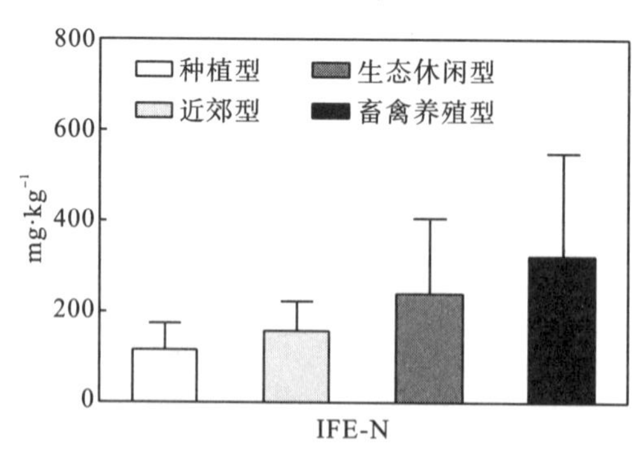

图 8-5 各村沟渠底泥 IEF-N 含量差异性

朱元荣等研究表明，底泥 w(IEF-N)与水环境氮含量关系密切，水体氮含量较高则容易引起底泥中 w(IEF-N)升高。畜禽养殖型农村沟渠底泥 w(IEF-N)显著高于其余 3 类农村，可能是由水环境较高的氮含量造成的。农村沟渠由于几乎没有大型绿色植物(有少量浮游植物)，底泥中释放的 IEF-N 可能会直接进入水体，对农村生态环境造成较大污染风险。因此，IEF-N 虽然占 w(TN)的比例较低，但其对农村环境氮污染的贡献不容忽视。

3. **底泥 WAEF-N 含量差异性**

各村 w(WAEF-N)在不同类型农村的分布特征与 IEF-N 相似，由大到小表现为畜禽养殖型>生态休闲型>近郊型>种植型，如图 8-6 所示。结合图 8-6 和表 8-2 可知，畜禽养殖型农村 w(WAEF-N)最高，年平均值为 433.83mg・kg^{-1}，显著高于种植型农村($P<0.05$)；其次是生态休闲型和近郊型农村，年平均值分别为 366.34mg・kg^{-1} 和 351.58mg・kg^{-1}，显著高于种植型农村($P<0.05$)；种植型农村最低，年平均值为 236.44mg・kg^{-1}。

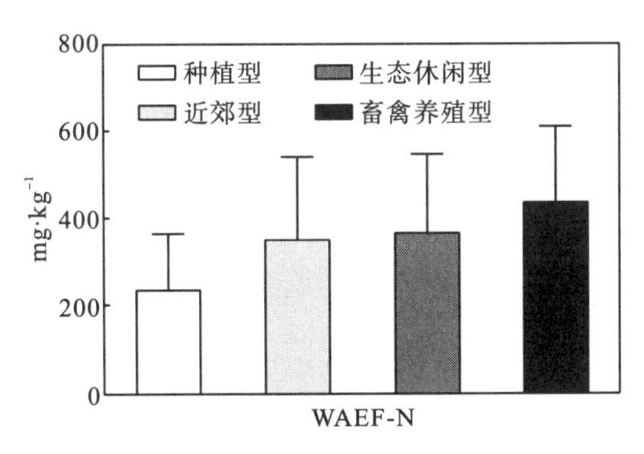

图 8-6　各村沟渠底泥 WAEF-N 含量差异性

王圣瑞等研究表明，WAEF-N 的产生和分布与底泥有机质矿化过程中 pH 的变化有关；在有机质矿化过程中，pH 降低导致 $CaCO_3$ 溶解或沉淀，在此期间 NH_4^+-N 和 NO_3^- 可与碳酸盐结合，进而形成 WAEF-N，加大底泥中 WAEF-N 的含量。畜禽养殖型农村的 w(WAEF-N)明显高于其余 3 类农村，可能是由其沟渠水环境 pH 较低引起的。畜禽养殖型农村沟渠底泥的 w(WAEF-N)较高，加之 WAEF-N 也较易释放，可能会加大底泥氮的释放风险，给农村生态环境带来危害。

4. **底泥 SAEF-N 含量差异性**

各村 w(SAEF-N)由大到小表现为畜禽养殖型>生态休闲型>种植型>近郊型，如图 8-7 所示。结合图 8-7 和表 8-2 可知，畜禽养殖型农村 w(SAEF-N)最高，年平均值为 535.14mg・kg^{-1}，显著高于其余 3 类农村($P<0.05$)。其余 3 类农村之间 w(SAEF-N)均无显著性差异($P>0.05$)，年平均值分别为 306.67mg・kg^{-1}、280.41mg・kg^{-1} 和 345.31mg・kg^{-1}。

宋金明等研究表明，SAEF-N 主要受水体氧化还原环境控制，水环境氧化还原电位降低时，底泥 SAEF-N 易释放进入水体；郑国侠等研究表明，底泥在氧化环境中 SAEF-N 可以稳定存在，在还原环境下，利于 SAEF-N 释放并被生物重新利用。本研究结果表明，各类型农村沟渠均处于还原环境，说明各村沟渠底泥均利于 SAEF-N 的释放。

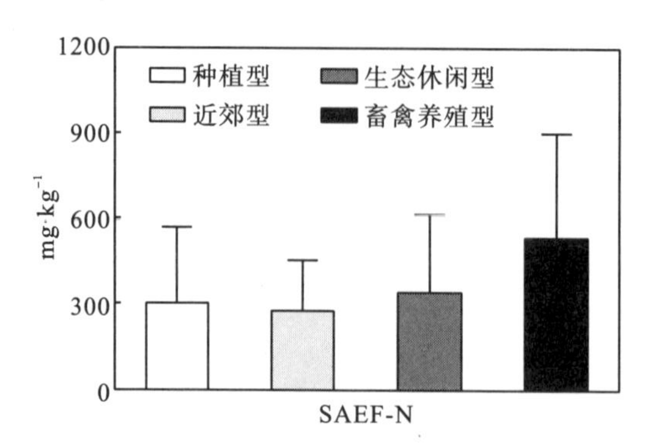

图 8-7 各村沟渠底泥 SAEF-N 含量差异性

5. **底泥 SOEF-N 含量差异性**

各村 w(SOEF-N)由大到小表现为畜禽养殖型>生态休闲型>近郊型>种植型，如图 8-8 所示。结合图 8-8 和表 8-2 可知，畜禽养殖型农村 w(SOEF-N)最高，年平均值为 1685.08mg • kg^{-1}，显著高于其余 3 类农村($P<0.05$)；其次是生态休闲型农村，年平均值为 1442.35mg • kg^{-1}，显著高于种植型和近郊型农村($P<0.05$)；种植型和近郊型农村最低，年平均值分别为 1190.54mg • kg^{-1}和 1191.64mg • kg^{-1}。

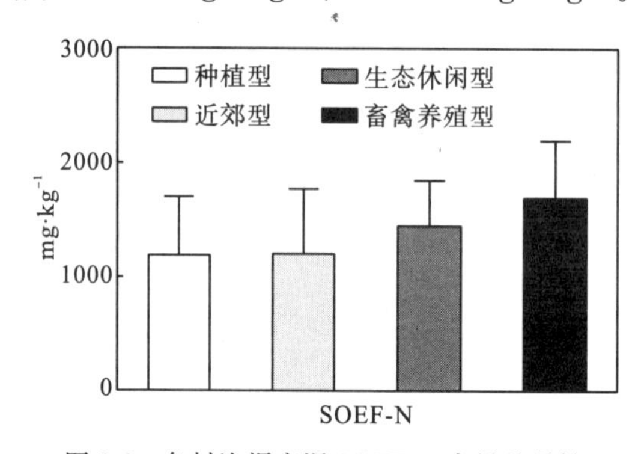

图 8-8 各村沟渠底泥 SOEF-N 含量差异性

王梅等指出，SOEF-N 的分布与底泥有机质含量密切相关。畜禽养殖型农村沟渠底泥的有机质含量明显高于其余三类农村，由于畜禽养殖型农村大规模畜禽养殖造成的畜禽粪便排放，加大了沟渠底泥有机碳和有机氮的蓄积，这可能是造成其沟渠底泥中 w(SOEF-N)较高的原因。WANG 等研究表明，SOEF-N 主要来自底泥生物的腐败分解，在缺氧条件下稳定存在，在氧充足及微生物活动较为活跃的底泥环境条件下容易矿化分解释放于水体或转化为其他形态氮。畜禽养殖型农村沟渠底泥 w(SOEF-N)较高，可能是由于农村污染物的大量排放蓄积，沟渠长时处于厌氧条件，导致 SOEF-N 能稳定存在于底泥中。

二、底泥磷污染差异性分析

为进一步分析不同类型农村沟渠底泥的磷污染差异性，利用 SPSS17.0 对不同类型农村沟渠水体各形态磷进行方差分析(单因素 ANOVA)，结果如表 8-3 所示。由表 8-3 可知，不同形态氮在不同类型农村所表现出的差异性各不相同。下面将对各形态氮含量在不同类型农村的差异性进行具体分析。

表 8-3　不同类型农村底泥磷形态平均值和多重比较($mg \cdot kg^{-1}$)

磷形态	种植型	近郊型	生态休闲型	畜禽养殖型
TP	1130.93±381.59a	1732.38±424.49c	1411.02±449.88b	2201.35±813.58d
Labile-P	29.08±16.97a	45.35±40.72a	28.45±20.94a	129.94±90.03b
RSP	100.80±50.77a	114.17±81.42a	110.85±66.43a	263.82±162.17b
Fe/Al-P	140.86±45.48a	183.53±87.70b	172.81±56.35ab	265.61±130.66c
Ca-P	324.47±109.16a	576.29±143.18b	361.97±181.60a	735.63±404.03c

注：表中数据为平均值±标准误；相同字母表示各污染物在不同类型农村不存在显著性的差异($P>0.05$)。

1. 底泥 TP 含量差异性

不同类型农村沟渠底泥 w(TP)由大到小表现为畜禽养殖型>近郊型>生态休闲型>种植型，如图 8-9 所示。结合图 8-9 和表 8-3 知，各类型农村相互之间均存在显著差异性。其中畜禽养殖型农村 w(TP)最高，年平均值 2201.35mg·kg^{-1}，显著高于其余 3 类农村($P<0.05$)；其次是近郊型农村，w(TP)年平均值为 1732.38mg·kg^{-1}，显著高于种植型和生态休闲型农村($P<0.05$)；然后是生态休闲型农村，w(TP)平均值为 1411.02mg·kg^{-1}；种植型农村最低，w(TP)年平均值为 1130.93mg·kg^{-1}。根据《沉积物质量指南》的底泥 TP 分类标准，能引起最低级别和严重级别生态毒效应的 w(TP)分别为 600mg·kg^{-1}和 2000mg·kg^{-1}。由此推断，畜禽养殖型农村的磷含量将引起严重级别生态毒效应，其余 3 类农村将引起最低级别的生态毒效应。说明云南典型农村沟渠底泥有较大的磷污染风险，其中畜禽养殖型农村磷污染最严重。

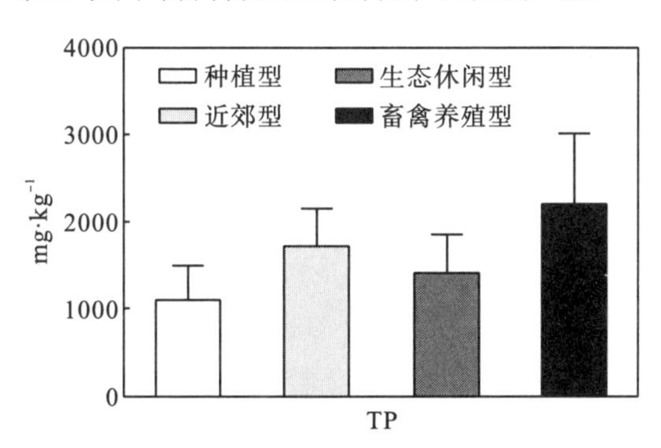

图 8-9　各村沟渠底泥 TP 含量差异性

有研究表明，农村沟渠底泥磷含量较高是由直接将生活洗涤废水、厨余垃圾等污染物未经处理直接排放进入沟渠并经长期蓄积所造成的。此外，畜禽粪便也是底泥磷含量的重要影响因子。前文已述，畜禽养殖型农村的养殖规模较大，畜禽养殖过程中施用的饲料含有磷元素，动物食入后并不能完全消化吸收，会随畜禽粪便直接排入沟渠中，造成底泥磷含量的升高。其余 3 类农村的畜禽养殖量较低，沟渠底泥磷的来源主要是一些生活污染物(洗涤废水、厨余垃圾等)，受畜禽养殖影响较小，因此底泥磷含量相对低于畜禽养殖型农村。沟渠底泥磷含量过高可能带来一系列的农村环境问题，沟渠底泥中磷与氮的释放将造成大面积的农业面源污染，给农村环境造成较大的危害；磷是水体富营养化的重要限制因子，底泥释放的磷元素会随着沟渠水体流入下游湖泊，加剧湖泊的富营养化污染。

2. 底泥 Labile-P 含量差异性

各村沟渠底泥 w(Labile-P)的分布特征总体表现为畜禽养殖型>近郊型>种植型>生态休闲型，如图 8-10 所示。结合图 8-10 和表 8-3 可知，畜禽养殖型农村 w(Labile-P)最高，年平均值为 129.94mg·kg^{-1}，显著高于其余 3 类农村($P<0.05$)；其余 3 类农村相互之间均无显著差异性($P>0.05$)，w(Labile-P)年平均值分别为 29.08mg·kg^{-1}、45.35mg·kg^{-1}和 28.45mg·kg^{-1}。

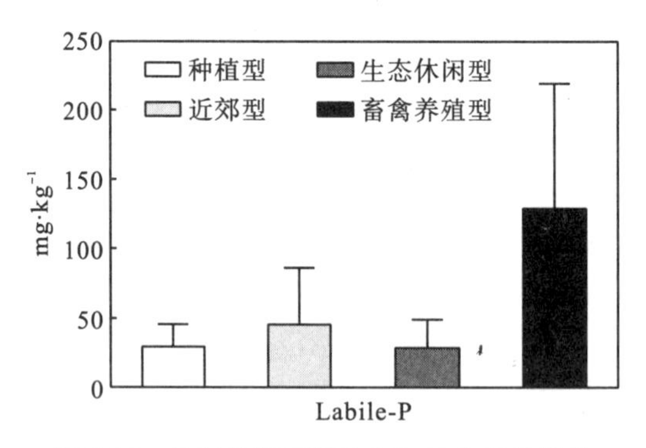

图 8-10 各村沟渠底泥 Labile-P 含量差异性

赵海超等研究表明，底泥 w(Labile-P)受沟渠水体磷含量影响较大，是底泥与水环境之间交换的主要磷形态。实地考察发现，畜禽养殖型农村沟渠污染严重，底泥与水环境之间磷形态交换受阻严重，导致 Labile-P 在底泥中大量蓄积，这可能是造成其 w(Labile-P)显著高于其余 3 类农村的原因。底泥中的 Labile-P 释放能力较强，会进入水体参与磷循环，含量过高会对农村生态环境造成较大的磷污染风险。

3. 底泥 RSP 含量差异性

各村沟渠底泥 w(RSP)总体表现为畜禽养殖型>近郊型>生态休闲型>种植型，如图 8-11所示。结合图 8-11 和表 8-3 可知，畜禽养殖型农村 w(RSP)最高，年平均值为 263.82mg·kg^{-1}，显著高于其余 3 类农村($P<0.05$)。种植型(100.80mg·kg^{-1})、近郊型(114.17mg·kg^{-1})和生态休闲型(110.85mg·kg^{-1})农村相互之间 w(RSP)均无显著差异($P>0.05$)。

黎睿等研究表明，底泥 w(RSP)受水环境 pH 影响较大，pH 增大时，RSP 极易释放进入水体。由表 8-1 可知，种植型、近郊型和生态休闲型农村的 pH 较接近，而畜禽养殖型农村 pH 低于其余 3 类农村，RSP 相对不易释放而贮藏于底泥中，因此底泥中w(RSP)显著高于其余 3 类农村。

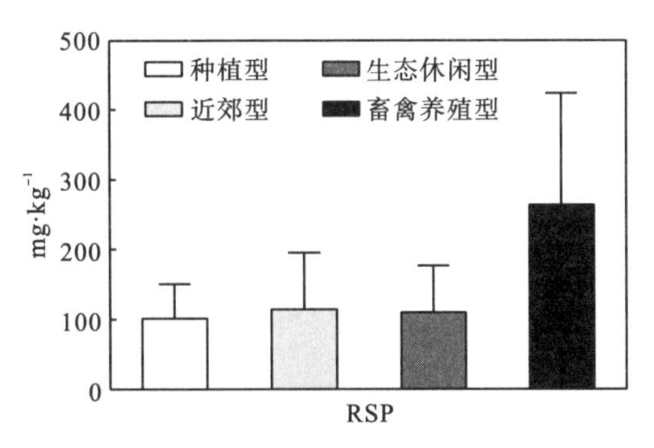

图 8-11　各村沟渠底泥 RSP 含量差异性

4. 底泥 Fe/Al-P 含量差异性

w(Fe/Al-P)在不同类型农村的分布特征与 RSP 相似，各村沟渠底泥 *w*(Fe/Al-P)总体表现为畜禽养殖型>近郊型>生态休闲型>种植型，如图 8-12 所示。结合图 8-12 和表 8-3 可知，畜禽养殖型农村 *w*(Fe/Al-P)最高，年平均值为 265.61mg · kg^{-1}，显著高于其余 3 类农村($P<0.05$)，而其余 3 类农村相互之间差异性不显著($P>0.05$)，年平均值分别为 140.86mg · kg^{-1}、183.53mg · kg^{-1}和 172.81mg · kg^{-1}。

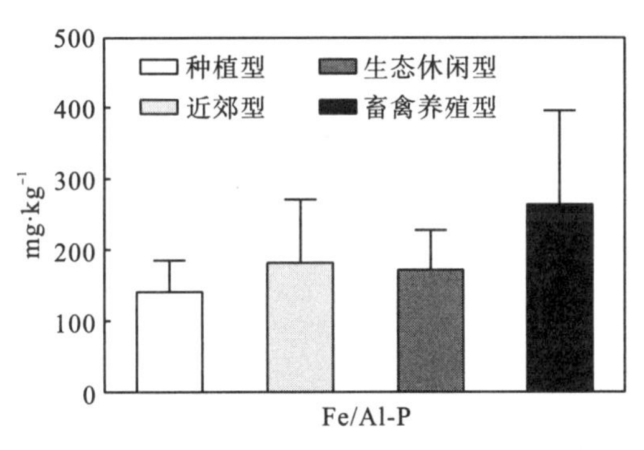

图 8-12　各村沟渠底泥 Fe/Al-P 含量差异性

张丽媛等研究表明，当大量含磷废水排入水体时，水中的铁、铝等离子会与之吸附络合并沉积于底泥中。由表 8-1 可知，畜禽养殖型农村沟渠水体磷含量极高，*w*(TP)均达到了其余 3 类农村的 3 倍以上，这是造成其底泥 *w*(Fe/Al-P)显著高于其余 3 类农村的原因。此外，水体酸碱性对 Fe/Al-P 的释放也有一定影响，碱性越强更容易促进底泥释放 Fe/Al-P。种植型、近郊型和生态休闲型农村的 pH 要高于畜禽养殖型农村，这可能是其 *w*(Fe/Al-P)低于畜禽养殖型农村的另一个原因。Fe/Al-P 对水体富营养化具有重要贡献，因此其含量过高会对农村生态环境造成潜在的污染风险。

5. 底泥 Ca-P 含量差异性

各村沟渠底泥 *w*(Ca-P)总体表现为畜禽养殖型>近郊型>生态休闲型>种植型，如图 8-13 所示。结合图 8-13 和表 8-3 可知，畜禽养殖型农村 *w*(Ca-P)最高，年平均值为 735.63mg · kg^{-1}，显著高于其余 3 类农村($P<0.05$)；其次是近郊型农村，*w*(Ca-P)年

平均值 576.29mg·kg^{-1}，显著高于种植型和生态休闲型农村(P<0.05)；种植型和生态休闲型农村 w(Ca-P)最低，年平均值分别为 324.47mg·kg^{-1}和 361.97mg·kg^{-1}。

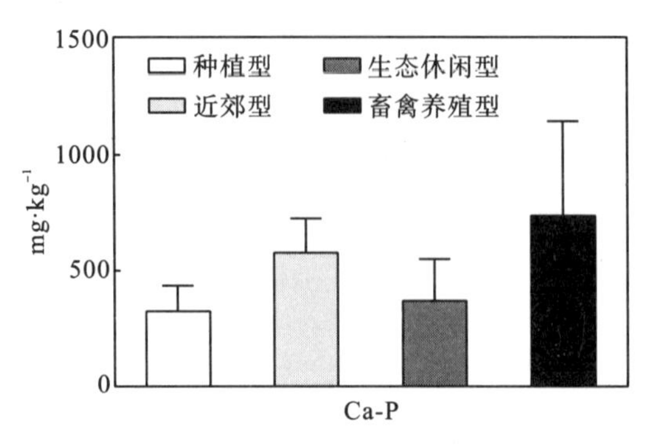

图 8-13 各村沟渠底泥 Ca-P 含量差异性

Ca-P 稳定性较高，活性较低，不易释放进入水体参与磷循环，但在酸性条件下也可以释放到水体中，成为内源磷污染的来源之一。虽然各类型农村沟渠底泥 w(Ca-P)均较高，但由于特殊的理化性质使其对环境的潜在污染风险并不大。即便如此，对 Ca-P 的控制也应当引起重视，因为当水环境条件发生改变(大量酸性物质进入沟渠导致底泥环境趋于酸性)时，Ca-P 会从底泥中释放出来造成水体和农村环境的磷污染，更严重的会造成区域性的面源污染。因此，虽然 Ca-P 的污染风险较低，但其却是生态环境保护不可忽视的磷形态。

三、底泥 TOM 含量差异性分析

不同类型农村沟渠底泥 w(OM)由大到小表现为畜禽养殖型>种植型>近郊型>生态休闲型，如图 8-14 所示。

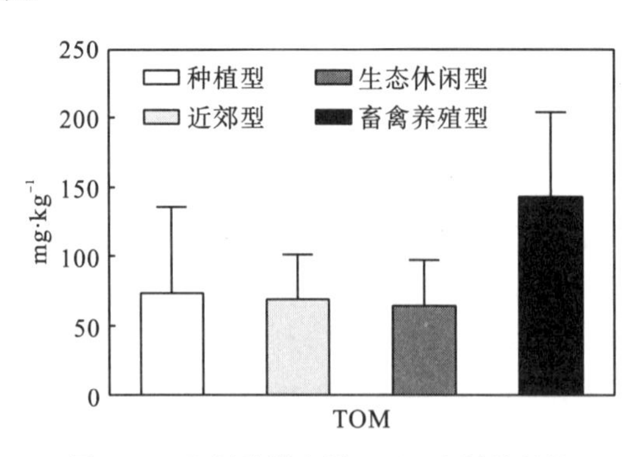

图 8-14 各村沟渠底泥 TOM 含量差异性

通过单因素 ANOVA 对不同类型农村沟渠底泥有机质进行方差分析，结果如表 8-4 所示。结合图 8-14 和表 8-4 可知，畜禽养殖型农村 w(OM)最高，年平均值为 143.16g·kg^{-1}，显著高于其余 3 类农村(P<0.05)；种植型(72.95g·kg^{-1})、近郊型(69.64g·kg^{-1})和生态休闲型(64.17g·kg^{-1})农村相互之间 w(RSP)均无显著差异(P>0.05)。

表 8-4　不同类型农村底泥 TOM 平均值和多重比较($g \cdot kg^{-1}$)

有机质	种植型	近郊型	生态休闲型	畜禽养殖型
TOM	72.95±63.42a	69.64±31.66a	64.17±33.05a	143.16±62.23b

注：表中数据为平均值±标准误；相同字母表示各污染物在不同类型农村不存在显著性的差异($P>0.05$)。

农村沟渠底泥中 OM 的来源由两部分组成，一部分来源于底泥中的生物残体和植物分泌物，即内源污染物；另一部分来源于生活污水和固体废弃物的排放，即外源污染物。底泥中的 OM 在微生物作用下会不断发生矿化分解，易转化成无机态化合物，导致 w(OM)下降。实地考察时发现，近郊型、生态休闲型和种植型农村的沟渠流通性要优于畜禽养殖型，这较利于底泥中微生物进行生命活动，从而促进 OM 矿化分解，因此这 3 类农村的 w(OM)要显著低于畜禽养殖型农村。此外，畜禽养殖型农村有机质污染最为严重的原因可能是由于该村大量的畜禽粪便排放，在此环境下，底泥中各种浮游生物衰败死亡后其残体长期沉积于沟渠中，微生物对 OM 的矿化分解能力相对减弱，造成 OM 的大量积累。

第三节　不同类型农村污染源的差异性

农村污染源主要有生活污水、生活垃圾、乡镇企业污染等。不同类型的污染源对沟渠底泥的污染物贡献各不相同。

生活污水主要包括厨余废水、洗涤废水、冲厕废水以及圈舍冲洗废水。厨余废水中包含部分米糠、酒糟、油脂等污染物，虽然少量排入沟渠中并不会引起较大的环境污染，但由于长期的积累，沟渠中油类物质不断增加，厨余废水对沟渠底泥的有机污染贡献越来越大。洗涤废水中含有大量的洗涤剂、洗衣粉，导致大量含磷废水排放进入沟渠，加剧了沟渠底泥中的磷污染。每天产生大量的冲厕废水和圈舍冲洗废水，由于大部分农村没有统一的粪污处理设施，村民直接将其排放进入沟渠，导致底泥蓄积了大量的人畜禽粪便，对底泥氮污染产生较大的贡献。

生活垃圾主要包括剩饭、剩菜及焚烧后的碳灰等，虽然每天都会产生大量的这类污染物，但由于其容易被生物降解，并且剩饭、剩菜可以供给家养畜禽食用，因此能够降低其对环境的污染。

由于农村生活水平的不断提升，不少住户经常翻新旧住房，在建造房屋以及室内装修过程中产生的大量有机污染物会流入沟渠，这将对农村环境造成不小的污染风险。此外，规模化的畜禽养殖场、工业企业等也会产生各种不同类型的污染物。

对畜禽养殖型农村来说，规模化畜禽养殖场是其污染的主要来源；近郊型农村城镇化较快，工业废水、废气和废渣是其主要污染源；生态休闲型农村由于旅游人口众多，由此造成生活污染的加重；种植型农村人口较少，既没有规模化养殖场也没有乡镇企业，污染来源较少，仅有少量的生活污染，因此其污染较轻。

第九章 主要结论与建议

第一节 主要结论

一、云南典型农村水环境污染特征及风险评价

云南典型农村沟渠水体酸碱度差异不显著，无论是湿季还是干季，pH 均为 6～9，属于偏中性水体；水体氧化还原电位差异显著性较显著，表现为种植型显著高于其余 3 类农村，但无论湿季还是干季均为负值，因此可认定各类型农村沟渠水体属于还原性水体。各典型农村沟渠水质指标均存在不同程度的超标，其中氮含量和 COD 含量超标最为严重。各类型农村沟渠上覆水各指标含量的季节性变化差异各不相同。

水环境污染风险评价结果表明，除种植型农村较为良好外，其余 3 类农村沟渠水环境污染等级均较为严重，均属严重污染等级。其中畜禽养殖型农村污染程度最高

二、云南典型农村沟渠底泥污染特征及风险评价

云南典型农村沟渠底泥中各形态氮的含量从高到低依次表现为 w(SOEF-N)>w(WAEF-N)>w(SAEF-N)>w(IEF-N)，各赋存形态磷含量大小依次为 w(Ca-P)>w(Fe/Al-P)>w(RSP)>w(Labile-P)，各类型农村氮、磷及有机质含量空间分布总体呈集合点>分散点，高值区主要分布在干流沟渠，低值区主要分布在单一居民住宅附近。各类型农村沟渠底泥氮、磷和有机质含量的季节性变化差异各不相同。

底泥污染风险评价结果表明，除畜禽养殖型农村外，其余 3 类农村沟渠底泥氮污染程度较轻，而有机污染较为严重。畜禽养殖型农村沟渠底泥氮、磷、有机污染程度均特别严重，其中氮和磷属于中度污染，有机污染属于重度污染，整体环境污染风险极高。

三、云南不同类型农村环境污染差异性

通过对不同类型农村沟渠水体、底泥各污染指标的定性和定量分析，结果显示，畜禽养殖型农村是环境污染最为严重的农村类型，而生态休闲型农村和近郊型农村的环境污染程度较畜禽养殖型农村稍低，种植型农村环境污染程度在各类型农村之间最低，但由于当前云南省农村生态环境的污染现状较为严重，即使是污染程度最轻的种植型农村，

环境污染保护与防治的工作仍然不可掉以轻心。

第二节 云南典型农村环境污染防治措施建议

根据当前高原湖泊流域典型农村的污染现状，针对农村污染防治与环境保护提出几点建议和措施，主要分为政策性措施和技术性措施。

一、政策性措施建议

农村是影响“山水林田湖”生命共同体的重要单元，农村生态环境恶化将对生命共同体的活力和生机带来严重危害。云南 94%的山区、半山区农村是展现“山水林田湖”生命共同体自然美的最好画卷，为此，本课题研究提出关于云南农村生态环境精准治理的对策和建议如下。

（一）云南农村生态环境精准治理对策

1. 建立分区分类创新体系，精准治理农村生态环境

根据云南农村气候条件、环境风险、污染特征等差异，建立一级气候分区、二级环境风险分区和一级农村类型分类的云南农村生态环境分区分类创新体系，将云南省 124 206个自然村划分为 60 类农村。依据不同类型农村污染特征、治理目标和适宜技术的差别，提出 15 种农村生态环境治理模式，实现农村生态环境精准治理。

2. 建立农村环境污染大数据平台，精准判定污染特征

根据云南农村环境污染分布散、污染成分杂、污染环节多的特点，选择分区分类创新体系下 60 类农村的典型样本进行现场监测和抽样调查并通过类比分析及现场查定，建立云南农村环境污染大数据平台，为精准判定云南农村环境污染提供数据支撑。

3. 建立农村环境污染治理技术储备库，精准选择治理技术

根据云南农村环境污染特征和治理目标要求，通过开展农村环境污染治理技术研发、广泛征集国内外成熟技术等方式，建立云南农村环境污染技术储备数据库。通过对储备技术进行分门别类整理后转化为云南农村环境治理的技术交易平台，为精准选择云南农村环境污染治理技术提供支撑。

4. 制定农村生态环境治理规范标准，精准建设治理工程

根据云南农村生态环境风险管控要求，制定云南农村生态环境治理的技术规范、管理规范、治理排放标准等体系，为建设云南农村生态环境精准治理工程提供标准依据。

5. 建立农村生态环境治理体制机制，精准管理工程运行

针对云南农村生态环境保护与管理要求，创新云南农村生态环境治理的项目申报、工程建设、运行管理的资金、人员、责任、考核等体制机制，为精准管理云南农村生态环境治理工程提供机制保障。

(二)云南农村生态环境精准治理建议

1. 将云南农村生态环境精准治理纳入精准扶贫统筹推进

以云南农村生态环境分区分类创新体系为依据，编制云南省农村生态环境精准治理规划，形成顶层设计方案，将此规划纳入精准扶贫和美丽宜居乡村建设一并实施，实现统筹安排，统一推进，统一见效、统一考核的目标。

2. 设立云南农村生态环境精准治理重点研发专项

在云南省科技厅设立云南农村生态环境精准治理重点研发专项，为云南农村生态环境保护与美丽乡村建设提供科技支撑。

3. 建立云南农村环境污染大数据平台

支持建立云南农村环境污染大数据平台，为精准判定云南农村环境污染和生态环境风险提供大数据支撑。

4. 建立云南农村环境污染精准治理技术储备库和交易平台

支持建立云南农村环境污染治理技术储备库及技术交易平台，为全面推进云南农村生态环境精准治理提供技术支撑。

5. 制定云南农村生态环境精准治理规范标准体系

由云南省质量技术监督局牵头组织省内外科研院所及企事业单位全面启动云南农村生态环境治精准理规范标准体系制定工作，为推进云南农村生态环境精准治理提供标准依据。

6. 建立云南农村生态环境精准治理体制机制

由云南省环保厅牵头组织相关单位建立云南农村生态环境精准治理体制机制，推动云南农村生态环境精准治理各项工作制度化。

(三)云南典型农村环境污染类别划分

云南地处云贵高原，呈现出典型的立体气候特征，由此，云南不同区域农村生态环境治理与修复与气候条件存在密切关系，应充分考虑气候特点对农村生态环境治理的影响。与此同时，云南蕴藏着丰富的动植物物种，既是天然的植物宝库，也是知名的动物王国，拥有一批国家级、省级自然保护区、风景名胜区、湿地公园等生态敏感点；同时，云南有包括金沙江、珠江、澜沧江等在内的六大水系、202 个饮用水源地、九大高原湖泊等环境保护重要区，由此可见，云南不同区域、不同位置的农村产生的污染可能导致的环境风险存在差异。此外，云南地处我国西南边陲，农村社会经济发展相对落后，不同区域农村生活习惯、产业发展等存在明显的差异性，其污染产生特征与规律也存在明显的多样化。为系统考虑云南不同区域、不同类型农村污染产生特征及环境风险，提出切实可行的污染控制模式及技术手段。本研究创新性提出云南农村环境污染分区分类治理创新体系，建立云南农村环境污染分区分类方法体系，将气候特征、污染特性、环境风险相类似的农村进行同类处理，形成一级分类(五种类型)的典型农村类型。

二、技术性措施建议

沟渠底泥中的污染物主要有两个来源，一种是内源性污染物，即底泥中的生物残体和植物分泌物；另一种是外源性污染物，即直接排放进入沟渠的生活污水和人畜粪便等污染物。近年来，农村沟渠环境除受内源性污染物蓄积的影响较大外，与长期排放的外源性污染物也有关。因此，外源性污染物的控制是防止农村生态环境受破坏的重要前提。目前针对各类生活生产污水及污染物的处理方法主要有：稳定塘处理方法、人工湿地处理技术、生活污水净化沼池、膜生物反应器(MBR)等。

1. 土地处理系统

1)稳定塘处理方法

稳定塘系统是由若干自然或人工挖掘的池塘通过菌藻互生作用或菌藻、水生生物的综合作用而实现污水净化目的。稳定塘还可通过种植经济植物，放养水生动物等实现资源化利用。

在我国，特别是在缺水干旱的地区，生物氧化塘是实施污水资源化利用的有效方法，所以稳定塘处理污水成为我国着力推广的一项新技术。传统稳定塘有如下优点：①能充分利用地形，结构简单，建设费用低；②可实现污水资源化和污水回收及再用，实现水循环，既节省了水资源，又减小了对环境的危害；③处理能耗低，运行维护方便，成本低；④美化环境，形成生态景观；⑤污泥产量少；⑥能承受污水水量大范围的波动，其适应能力和抗冲击能力强。

传统稳定塘的缺点也十分明显：①占地面积过多；②气候对稳定塘的处理效果影响较大；③若设计或运行管理不当，则会造成二次污染；④易产生臭味和滋生蚊蝇；⑤污泥不易排出和处理利用。

随着研究的逐步深入，发展了很多新型塘和组合塘工艺，进一步强化了稳定塘的优势，如高效藻类塘、水生植物塘、多级串联塘和高级综合塘系统。在中国，特别是在缺水干旱地区，稳定塘是实施污水资源化利用的有效方法，近年来成为我国着力推广的一项技术。

2)人工湿地处理技术(图 9-1)

稳定塘-人工湿地系统中，稳定塘可降低污水浓度，具有缓冲和稀释作用，能减轻后续人工湿地的冲击负荷。农村的稳定塘可由荒废的鱼塘转化而成，塘中有丰富的藻类、软体动物和微生物等，这些生物对污水净化都具有重要作用。稳定塘出来的污水流入人工湿地，其中的悬浮物和有机物通过填料以及植物根系的拦截、过滤，微生物的吸附、凝聚作用而被截留。为了节约成本和降低管理难度，多数农村的人工湿地都是以水生生物为主，例如风车草、水葫芦、芦苇和花美人蕉等，这类植物对污水都具有很强的净化能力。系统出水的化学耗氧量(COD)、总氮(TN)、总磷(TP)的去除率一般可达80%~90%。

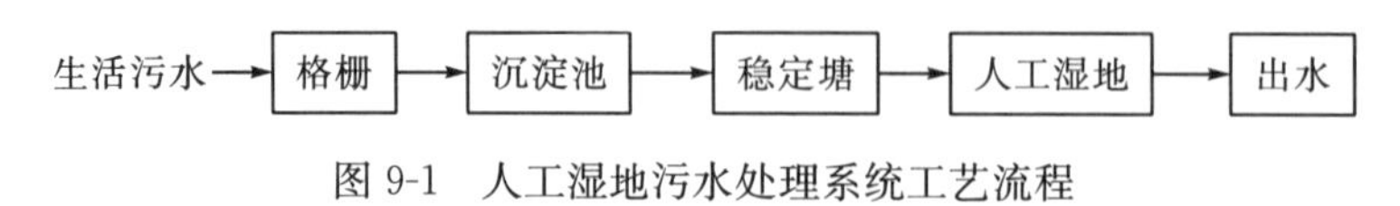

图 9-1 人工湿地污水处理系统工艺流程

1990年，中国建成了第一个人工湿地处理系统——深圳白泥坑污水处理系统，现在处理污水量4500$m^3 \cdot d^{-1}$，处理场占地0.84hm^2，实际使用面积0.5hm^2，设计CODcr进水最高浓度100$mg \cdot L^{-1}$，水质中悬浮物(SS)进水最高浓度为150$mg \cdot L^{-1}$，两者的出水浓度均为30$mg \cdot L^{-1}$，达到城市污水二级排放标准。

清华大学的刘超翔等人在滇池流域农村进行了人工湿地处理生活污水的试验和生态处理系统设计。采用人工复合生态床处理滇池地区低浓度农村污水的试验，结果表明，芦苇具有较强的输氧能力，茭白对氮、磷的吸收能力强，可采用芦苇和茭白混种的方式，以提高BOD和氮、磷的去除率。

人工湿地优缺点也十分明显。优点表现在以下三方面：①稳定塘-人工湿地具有工艺简单、投资少、处理效果好、缓冲能力强和无须人工管理等优点，非常适用于农村零散村落，建造一个湿地就可以处理整个村子的污水排放问题；②人工湿地的污水净化能力很强，整个系统对COD平均去除率为95%，对水中氨氮含量(NH_4^+-N)的平均去除率为83%，污水经处理后能达到排放标准，可以用于农田的灌溉，整个系统出水仍含有少量的氮磷等无机物，用于农田灌溉有利于作物的生长；③人工湿地中的污水一般靠重力自流，能耗和运行费用低，一般不需要任何的人工管理，就可以使人工湿地长久、有效运行。

人工湿地的缺点表现在：①人工湿地占地广而无法推广；②脱氮效果不佳；③处理效果易受气候影响。

3)生活污水净化沼气池(图9-2)

厌氧发酵池是沼气池工艺的主体，有机废物在池中进行厌氧发酵从而产生沼气，包含有进料间、发酵间、出料间、贮气间及导气管等部分。人工湿地主要目的是对沼气池排放的污水进行处理，脱掉其中的氮磷等污染物，气体收集则是通过使用专门的处理装置来对沼气收集和净化。

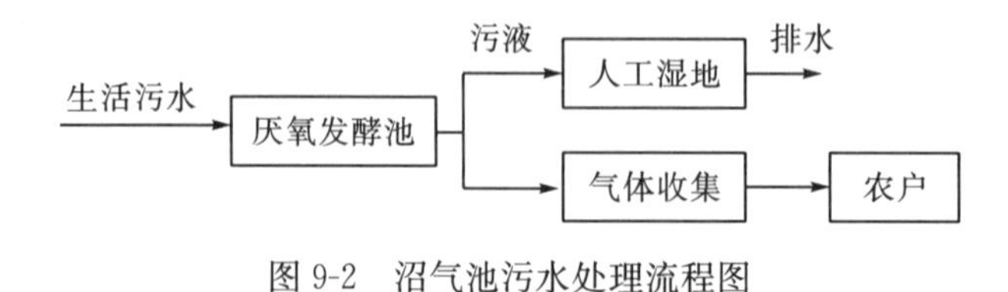

图 9-2 沼气池污水处理流程图

沼气池因其构造简单、经济效益高、投资少及比较环保等特点，受到了广大农村居民的青睐。沼气池的应用可在一定程度上缓解目前农村污水随意排放的问题，它可以有效降解生活污水中重铬酸盐指数(CODcr)、氮、磷等污染物的含量。卢珍等人将应用沼气池的村庄和另一对照村庄相比，前者饮用水源中的细菌总数、大肠菌群数、氯化物和氨氮等指标都要低。

研究表明，农作物秸秆沼气发酵可以使其能量利用效率比直接燃烧提高 4～5 倍；沼液、沼渣作饲料可以使其营养物质和能量的利用率增加 20%；通过厌氧发酵过的粪便(沼液、沼渣)，碳、磷、钾的营养成分没有损失，且转化为可直接利用的活性态养分－农田施用沼肥，可替代部分化肥。沼气池工艺简单，成本低，运行费用基本为零，适合于农村家庭采用。而且，结合农村改厨、改厕和改圈，可将猪舍污水和生活污水在沼气池中进行厌氧发酵后作为农田肥料，沼液经管网收集后，集中净化，出水水质达到国家标准后排放。

4)地下渗滤系统(图 9-3)

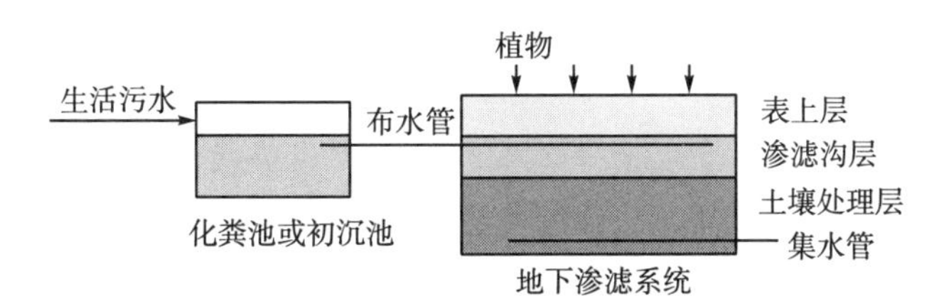

图 9-3　土壤地下渗滤工艺流程

预沉池可以对污水进行预处理和对固体垃圾进行阻隔，预沉池出水有控制地进入到土地渗滤系统，通过重力作用和土壤的毛细管作用在其中扩散开来，在此过程中系统中的植物和微生物可以对污染物质进行吸附和分解，从而使污水得到净化。

清华大学在 2000 年国家科技部重大专项中，首先在农村地区推广应用地下土壤渗滤系统，取得了良好效果：对生活污水中的有机物和氮、磷等均具有较高的去除率和稳定性，CODcr、BOD、NH_4^+-N 和 TP 的去除率分别大于 80%、90%、90%和 98%。

地下渗滤系统的优缺点有以下几个方面，优点：鉴于地下渗滤系统建设成本低，几乎每家每户都承担的起建设费用。加上土地渗滤整个系统都在地下运行，所以臭味少、噪音低和所受的外界环境影响作用小，便于人工管理，适宜在广大农村应用。缺点：土地渗滤系统水力负荷低及占地面积广。目前通过在渗滤系统的土层上种植各种植物，不仅可以美化环境，还可以为基质复原提供条件，提高污水处理效率，同时解决了其占地面积大的问题。

除上述 4 种常见的土地处理系统工艺之外，随着对传统工艺的不断改良，也涌现出一些基于传统土地处理系统工艺的其他工艺。

5)毛细管渗滤沟处理系统(图 9-4)

在日本此技术研究比较成熟，南京大学王勇等在承担国家 863 太湖河网面源污染治理项目中，提出使用这种处理技术。污水首先进入预处理设施，在配水系统的控制下，经布水管分配到每条渗滤沟床中，通过砾石层的再分布，沿土壤毛细管上升到植物根区，污水中的营养成分被土壤中的微生物及根系吸收利用，同时污水得到净化。

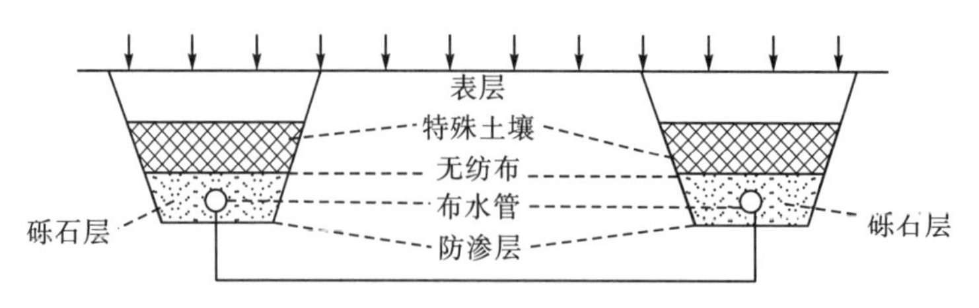

图 9-4　毛细管渗滤沟系统流程图

1992 年，北京市环境保护科学研究院建造了一个实验模型的污水地下毛管渗透处理系统，通过“七五”“八五”联合攻关，实现了从小试、中试到实用规模的试验、示范研究，并以沈阳应用生态研究所为主，建立土壤地下渗滤处理工程，提出了该工艺的技术要点和工程参数，编制了城市污水土地处理利用设计手册。

2000 年 12 月，贵州省环境科学研究设计院与日本国立环境研究所合作，引进日本最新一代土壤地下渗滤净化工艺技术，并建立贵州省体育局红枫湖水上运动训练基地生活污水处理示范工程。2001 年 4 月，该工程通过日本环境厅的验收，至今该设施运行正常，净化效果良好。

清华大学在滇池流域建立了一套土壤渗滤处理农村分散污水的示范工程，工程建设费用(沟渠收集系统除外)4 万元，对 TN、TP 和 COD 的去除率分别达到 85%、96%和 86%，而处理成本为 0.15 元 $\cdot m^{-3}$。该技术特别适合于污水管网铺设不到位的分散的污水处理，运行成本低，管理简单。

6)生活污水的砂滤处理系统

砂滤系统是土地处理系统的一种，它在构建过程中一般采用沙子作为介质，让污水经过砂体渗滤排出系统，达到净化的目的。它的净化机制与其它土地处理系统大致相同。出水的 SS，BOD，CODcr 一般可达 80%，总氮、总磷去除率一般在 40%～80%，几种砂滤系统的参数及效果如表 9-1 所示。

表 9-1　几种砂滤系统的参数及效果

研究者	系统尺寸	水力负荷	去除率/%
G. G. Check 等	5m×0.718m×0.75m	0.033～0.066	BOD_5>99；TOC>85；TN：40～80；SS>80
Mikael Pell 等	3m×1.5m×1.5m	0.067	COD>90；TP：70；TN：43
Paul Schudell 等	2.5m×2.4m×2.1m	0.04～0.10	TOC：88～91；BOD_5>91～98；COD：85～95；NH_4-N：64～69；NO_3-N：17.0～32.4

7)蚯蚓生态滤池处理系统

此技术是南京大学污染控制与资源化研究国家重点实验室提出的，适用于 50～300 户左右集中型农户的污水处理系统，现已在太湖流域农村建立示范工程。

本示范工程将农户现有的化粪池改造后或直接加以利用，用强化沟替代农户的沟渠或排污管，出水进蚯蚓生态滤池，其工艺流程如图 9-5 所示。本技术在国内外研究的还不多，同济大学在处理城市生活污水方面进行了一些研究。该技术运用到农村污水的处理中，已经取得很好的效果。

滤池主要由布水装置、生态滤床和排水装置三部分组成。生态滤床从下层依次往上是大石头(鹅卵石，直径 4～7cm)，小石头(直径 1～3cm)，沙子和土壤层，此层也可以是蚓粪层(vermicasting)，是蚯蚓活动的主要场所，土壤上面可以种植一些植物。现已进行蚯蚓生态滤池的中试研究，根据运行试验的情况来看，此系统很适合于处理农村污水。

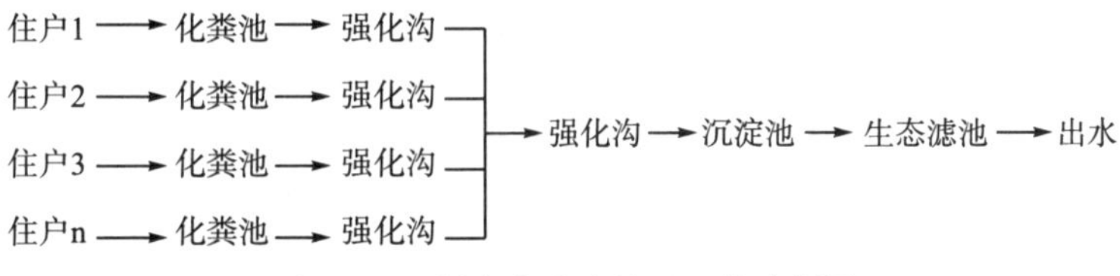

图 9-5　蚯蚓生态滤池处理工艺流程图

2. **生物处理系统**

生物处理系统可分为好氧生物处理和厌氧生物处理。好氧生物处理的常用工艺有活性污泥法和生物膜法等，基本原理是在有氧条件下，好氧微生物对有机物进行降解和转化；厌氧生物处理常用的工艺有厌氧滤池和厌氧接触法等，基本原理是通过营造厌氧微生物生存所需的环境条件和营养条件，然后利用其对有机污染物进行转化，使其成为无机物和少量的细胞质的过程。生物处理的方法工艺相对较复杂，投资大，同时需要的管理水平高，对于居住分散的农村来说并不适宜。

1)集中型污水处理厌氧－好氧工艺(图 9-6)

该系统利用生物膜、生物滤池等手段进行兼厌氧、好氧分解，以厌氧消化工艺为主体，辅以生物氧化塘作深度处理，通过多级自流、分段处理、逐级降解的形式，处理村内汇集来的污水，整个处理过程不耗用动力，而是利用重力自然推流。由于采取厌氧消化工艺，污泥减量明显，一般仅需 3～5 年清掏 1 次，运行费用低、维护管理简便。

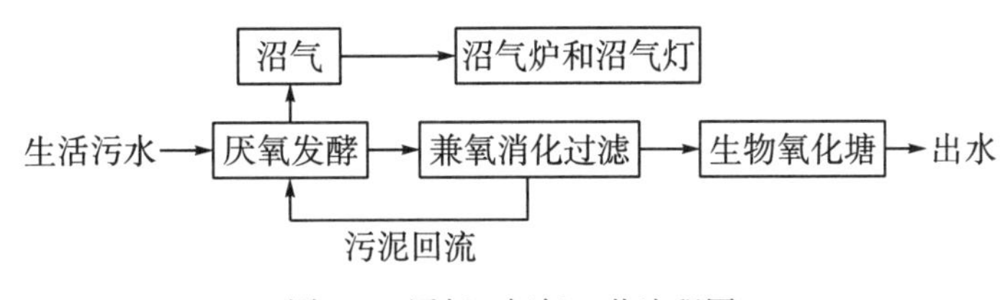

图 9-6　厌氧－好氧工艺流程图

浙江大学沈东升等人根据厌氧生物膜技术和推流原理，采用内充空心球状填料的地下厌氧管道式或折流式反应器为处理设备，研究了农村污水地埋式无动力厌氧达标处理技术。经过一年多的小试、中试及实际应用，结果表明，在水力停留时间 1 天及常温条件下，该技术对农村污水 CODcr、BOD、SS、TN、TP、大肠菌群、细菌总数和蛔虫卵的平均去除率分别达到 66％～68.3％、70％～76.8％、80％～90.2％、18％～23.0％、33％～35.2％、95％～99.8％、37％～82.9％和 78.7％～100％，出水水质稳定达到国家二级排放标准，且未出现剩余厌氧污泥的积累问题。

该技术无日常运行费用，适宜于农村污水的分散处理。厌氧生物处理技术不用曝气，又可以回收生物能沼气，且厌氧生物处理的另一显著特点是污泥产量少，从而使污泥处置费用相对减少。另外，厌氧生物处理有机容积负荷高，从而减少了构筑物体积，节约了基建费用。厌氧生物处理为废水处理提供了一条既是高效率又是低能耗的、促进农村燃料向清洁可再生能源转移、符合可持续发展原则的治理途径。

2)膜生物反应器(MBR)

MBR综合了膜处理和生物处理技术的优点，一般由膜分离组件和生物反应器两部分组成。膜生物反应器工作原理是利用反应器的好氧微生物降解污水中的有机污染物，同时利用反应器内的硝化细菌转化污水中的氨氮，以去除污水中产生的异味(污水中的异味主要由氨氮产生)，最后，通过中空纤维膜进行高效的固液分离出水。MBR与传统生物处理技术相比，具有出水水质稳定、占地面积少、污泥排放量少、抗负荷冲击性强、操作管理简单等优点(图9-7)。北京市怀柔区采用此工艺较多，处理效果较好。

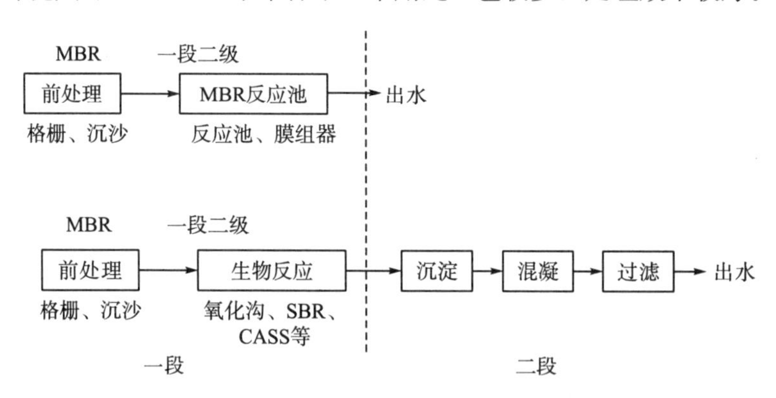

图9-7 膜生物反应器与传统工艺流程对比

3. 多元化组合污水处理系统

自“十一五”规划提出了建设社会主义新农村的重大历史任务，并明确了“生产发展、生活富裕、乡风文明、村容整洁、管理民主”的建设目标以来，我国对农村污水处理技术有了一定的研究和进展，出现了生物与生态技术相结合的多元化污水处理系统(图9-8)。

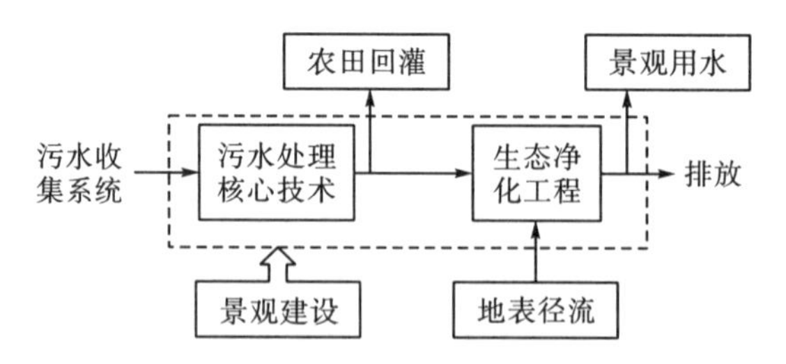

图9-8 多元化农村污水处理系统工艺流程

1)“生物+生态”处理集成系统

东南大学李先宁等人针对低处理成本、高氮磷去除要求，在江苏省宜兴市大浦镇沿太湖建立14个农村污水处理示范区，采用生物、生态相结合的处理方式，以开发和研究“厌氧水解、跌水充氧接触氧化、折流人工湿地组合技术”“塔式蚯蚓生态滤池组合技术”及“厌氧发酵、生态土壤及蔬菜种植组合技术”3项污水处理核心技术为中心，结合7项辅助技术，把污水处理与农村村落微环境生态修复、生态堤岸净化、农田灌溉回用和景观用水需求等进行了有机的结合，把在示范区复杂条件下研发的针对性较强的各单项技术，根据不同实际条件进行优化组合与系统化，形成适合河网区农村污水和初期地表径流的“生物+生态”处理及综合利用技术的集成系统。污水处理核心技术装置吨水投资低于1000元，运行直接费用低于0.2元，具有除磷脱氮效率较高、投资和运行费用低、维护管理方便的特点，该成果有望得到推广应用。

此外，清华大学的刘超翔等人在试验的基础上，对滇池流域农村污水生态处理系统进行了设计，采用表面流人工湿地、潜流式人工复合生态床和生态塘组合工艺，表面流人工湿地水力负荷为4cm·d^{-1}，地面以上维持30cm的自由水位，湿地内种植茭白和芦苇，潜流湿地水力负荷为30cm·d^{-1}，床深8cm，里面填充炉渣，上部种植水芹，运行成本为0.03元·m^{-3}，污水处理与生态环境建设的结合在设计中得到了体现。

2)厌氧池－二级人工湿地结合

该湿地系统为厌氧池与二级子湿地相结合的处理模式，污水在运行的过程中要经过沉淀、升降流、布水、跌水、集水、布水、集水、排放几个过程，在运行工艺上，将厌氧池作为前处理系统，与水平潜流湿地、垂直流湿地相结合，并将环形湿地与矩形湿地相结合，进行优势互补。在整个系统中，通过悬浮填料、湿地植物、湿地基质、粗石、细沙和土壤等多种处理手段配合应用，优化系统功能，工程能够满足COD，SS等多项水质指标的出水水质要求，实现了对污水的有效净化。

另外，该小试工程建设及运行费用较低，通过对该复合湿地系统连续一段时间的运行监测，结果显示，其对COD、NH_4^+-N、TN、TP、SS处理效果良好，优于GB 18918—2002《城镇污水处理厂污染物排放标准》一级A类排放标准，达到设计要求。

3)厌氧滤池－氧化塘－生态渠处理技术

生活污水进入厌氧滤池，截流大部分有机物，并在厌氧发酵作用下，被分解成稳定的沉渣。厌氧滤池出水进入氧化塘，通过自然充氧补充溶解氧，氧化分解水中有机物。生态渠利用水生植物的生长，吸收氮磷，进一步降低有机物含量。该工艺采用生物、生态结合技术，可根据村庄自身情况，结合地势建造，无动力消耗。氧化塘、生态渠可利用河塘、沟渠改建。生态渠通过种植经济类的水生植物(如水芹、空心菜等)，可产生一定的经济效益。

4)厌氧水解池－微动力好氧池－景观绿地处理技术

生活污水经格栅拦截后进入厌氧水解池，利用厌氧微生物分解污水中的有机污染物，池内部分区域设有高效生物填料，强化厌氧生化处理效果。利用微动力设备将空气引入微动力好氧池，在池内形成好氧状态，利用好氧微生物的净化功能，实现对污水中某些小分子有机物以及氨氮的去除，大幅度降低废水的COD、BOD、氨氮等指标。微动力厌氧好氧生化处理系统后设置景观绿地，充分利用植物根系的吸附、拦截、吸收、降解等净化功能，实现对污水的精细处理，有效降低污水的各项污染物指标，确保污水达标排放。该技术将微动力厌氧好氧污水处理技术与景观建设相结合，对气候的适应性较强，处理效果稳定可靠，运行成本低，污泥产生量少，维护简便，景观绿地可美化周边环境，二次污染少。

5)厌氧池－脉冲滴滤池－潜流人工湿地处理技术

该组合工艺由厌氧池、滴滤池和潜流人工湿地三个处理单元串联组成。污水经过厌氧池作用，有机物浓度降低，然后由污水泵提升至滴滤池，通过与滤料上的微生物充分接触，进一步降解有机物，同时可自然充氧，滤后水引入人工湿地，进一步深度处理，去除氮磷，人工湿地出水外排。本工艺中自动控制泵的启闭及生物滤池布水，整个运行系统基本实现自动化控制；维护工作量小，系统产泥量少；适应性好，占地面积小，工程建设周期短，见效快，施工方便。因此有一定高程差的村庄可利用落差滴滤，无需水泵提。

参考文献

陈凡华，姜海涛，2010. 畜禽粪便的消毒技术[J]. 畜牧兽医科技信息，(7)：35.

陈华林，陈英旭，2002. 污染底泥修复技术进展[J]. 农业环境保护，21(2)：179-182.

陈利顶，马岩，2007. 农户经营行为及其对生态环境的影响[J]. 生态环境，16(2)：11-12.

陈如海，詹良通，陈云敏，等，2010. 西溪湿地底泥氮、磷和有机质含量竖向分布规律[J]. 中国环境科学，30(4)：493-498.

陈云进，2008. 阳宗海水污染预防控制研究[J]. 环境科学导刊，27(3)：28-31.

代旭，2012. 论农村现代化进程中环境污染问题的解决建议[J]. 中国科技财富，(12)：399.

甘树，卢少勇，秦普丰，等，2012. 太湖西岸湖滨带沉积物氮磷有机质分布及评价[J]. 环境科学，33(9)：3064-3069.

高丽，杨浩，周健民，等，2004. 滇池沉积物磷的释放以及不同形态磷的贡献[J]. 农业环境科学学报，23(4)：731-734.

高正文，2008. 旅游区域循环经济体系研究——以云南省丘北县普者黑景区为例[J]. 中国科学院生态环境研究中心.

古丽刚，王慧芳，2011. 关于农业污染源于农村环境保护的几点思考[J]. 农业工程技术(新能源产业)，11：25-26.

郭冬生，彭小兰，龚群辉，等，2012. 畜禽粪便污染与治理利用方法研究进展[J]. 浙江农业学报，24(6)：1164-1170.

郭建，2013. 农村环境污染防治[M]. 保定：河北大学出版社.

郭建宁，卢少勇，金相灿，等，2010. 低溶解氧状态下河网区不同类型沉积物的氮释放规律[J]. 环境科学学报，30(3)：614-620.

国家环境保护总局，2003. 全国规模化畜禽养殖业污染情况调查及防治对策[M]. 北京：中国环境科学出版社.

国家环境保护总局水和废水监测分析方法编委会，1997. 水和废水监测分析方法 4 版[M]. 北京：中国环境科学出版社.

国家质量监督检验总局，国家标准化管理委员会，2008. GB17378，4-2007. 海洋监测规范第 4 部分：海水分析[M]. 北京：中国标准出版社.

韩璐，黄岁樑，王乙震，2010. 海河干流柱芯不同粒径沉积物中有机质和磷形态分布研究[J]. 农业环境科学学报，29(5)：955-962.

胡慧蓉，田昆，2012. 土壤学实验指导教程[M]. 北京：中国林业出版社.

胡素霞，2006. 农村生态环境影响因素分析及对策研究[J]. 安阳工学院学报，10(5)：24-27.

胡万里，付斌，段宗颜，等，2009. 低纬高原湖泊农业面源污染防治研究进展[J]. 中国农学通报，08：250-255.

滑丽萍，郝红，李宝贵，等，2005. 河湖底泥的生物修复研究进展[J]. 中国水利水电科学研究学报，3(2)：124-129.

黄斌，冯飞龙，2009. 论科学发展观视阈中的生态文明建设[J]. 安康学院学报，21(3)：17-20.

黄锦辉，史晓新，张蔷，等，2006. 黄河生态系统特征及生态保护目标识别[J]. 中国水土保持，12：14-17，56.

黄巧云，田雪，2014. 生态文明建设背景下的农村环境问题及对策[J]. 华中农业大学学报：社会科学版，(2)：10-15.

冀峰，王国祥，韩睿明，等，2015. 太湖流域农村黑臭河流表层沉积物中磷形态的分布特征[J]. 农业环境科学学报，(9)：1804-1811.

金相灿，姜霞，徐玉慧，等，2006. 太湖东北部沉积物可溶性氮、磷的季节性变化[J]. 中国环境科学，26(4)：409-413.

赖珺，2010. 可持续发展视角下的滇池流域农业面源污染防治研究[D]. 成都：四川社会科学院.

雷利国，江长胜，郝庆菊，等，2015. 缙云山土地利用方式对土壤轻组及颗粒态有机碳氮的影响[J]. 环境科学，36(7)：2669-2677.

黎睿，王圣瑞，肖尚斌，等，2015. 长江中下游与云南高原湖泊沉积物磷形态及内源磷负荷[J]. 中国环境科学，35(6)：1831-1839.

李纬纬，朱晓东，2008. 新农村背景下农村环境问题浅析[J]. 农村经济，24(4)：11-12.

李文朝，1997. 东太湖沉积物中氮的积累与水生植物沉积[J]. 中国环境科学，17(5)：418-421.

李振宇，1993. 阳宗海水质污染及其控制[J]. 云南环境科学，(3)：36-38.

柳云龙，章立佳，韩晓非，等，2012. 上海城市样带土壤重金属空间变异特征及污染评价[J]. 环境科学，33(2)：599-605.

路名，2008. 我国农村环境污染现状与防治对策[J]. 农业环境与发展，03：1-5.

鲁绍伟，靳芳，余新晓，等，2005. 中国森林生态系统保护土壤的价值评价[J]. 中国水土保持科学，03：16-21.

卢少勇，许梦爽，金相灿，等，2012. 长寿湖表层沉积物氮磷和有机质污染特征及评价[J]. 环境科学，33(2)：393-398.

罗春燕，张维理，雷秋良，等，2009. 嘉兴农村不同土地利用方式下沟渠底泥中的氮磷形态分布特征[J]. 环境科学研究，22(4)：415-420.

马红波，宋金明，吕晓霞，等，2003. 渤海沉积物中氮的形态及其在循环中的作用[J]. 地球化学，32(1)：48-54.

马璟，2012. 关于农村畜禽养殖污染现状的调查与思考[J]. 环境研究与监测，(1)：49-51.

倪喜云，尚榆民，2011. 云南大理洱海流域农业面源污染防治和生态补偿时间[J]. 农业环境与发展，04：82-87.

邱祖凯，胡小贞，姚程，等，2016. 山美水库沉积物氮磷和有机质污染特征及评价[J]. 环境科学，37(4)：1389-1396.

曲聪，2011. 农村环境污染问题及解决对策[J]. 北方环境，(12)：132-133.

邵继红，2002. 清洁生产法律调控若干问题研究[D]. 武汉：武汉大学.

宋金明，2004. 中国近海生物地球化学[M]. 济南：山东科技出版社，227-529.

苏嫚丽，赵言文，胡正义，等，2009. 太湖流域农村污水污染特征研究[J]. 江西农业学报，21(7)：176-179.

汤宝靖，陈雷，姜霞，等，2009. 巢湖沉积物磷的形态及其与间隙水磷的关系[J]. 农业环境科学学报，28(9)：1867-1873.

王桂芬，2014. 浅谈加强农村环境污染防控[J]. 东方企业文化，(17)：263-263.

王家齐，2012. 高原深水湖泊磷污染源解析及控制技术研究[D]. 南京：南京大学.

王金慧，冯建春，魏茂瑞，2008. 浅析农村环境污染问题及其防治[J]. 科技信息，35：765-766.

王丽香，庄舜尧，吕家珑，等，2009. 常熟农村不同水体氮磷污染状况[J]. 生态与农村环境学报，25(4)：55-59.

王梅，刘琰，郑丙辉，等，2014. 城市内河表层沉积物氮形态及影响因素——以许昌清潩河为例[J]. 中国环境科学，34(3)：720-726.

王佩，卢少勇，王殿武，等，2012. 太湖湖滨带底泥氮、磷、有机质分布与污染评价[J]. 中国环境科学，32(4)：703-709.

王圣瑞，2013. 湖泊沉积物-水界面过程氮磷生物地球化学[M]. 北京：科学出版社.

王志芸，贺彬，张秀敏，等，2006. 云南省九大高原湖泊水污染现状调查与分析[J]. 云南环境科学，S2：77-79.

魏晋，李娟，冉瑞平，等，2010. 中国农村环境污染防治研究综述[J]. 生态环境学报，09：2253-2259.

沃飞，陈效民，吴华山，等，2007. 太湖流域典型地区农村水环境氮、磷污染状况的研究[J]. 农业环境科学学报，26(3)：819-825.

吴剑，孔倩，杨柳燕，等，2009. 铜绿微囊藻生长对培养液 pH 和氮转化的影响[J]. 湖泊科学，21(1)：123-127.

吴金水，葛体达，胡亚军，2015. 稻田土壤关键元素的生物地球化学耦合过程及其微生物调控机制[J]. 生态学报，35(20)：6626-6634.

吴正，盛林，2012. 现代农村的环境污染的主要问题与治理措施探讨[J]. 中国科技博览，(24)：205-205.

杨荣敏，王传海，沈悦，2007. 底泥营养盐的释磷对富营养化湖泊的影响[J]. 污染防治技术，20(1)：49-52.

杨少慧，2015. 经济作物种植对排水沟渠底泥属性及磷吸附能力的影响[D]. 杭州：浙江大学.

姚靖，陈永华，2010. 湿地生态系统保护研究进展[J]. 湖南林业科技，06：820-828.

张丽媛，王圣瑞，储昭升，等，2010. 洋河水库流域土壤与库区沉积物中磷形态特征研究[J]. 中国环境科学，30(11)：1529-1536.

张欣，王绪龙，张巨勇，2005. 农户行为对农业生态的负面影响及优化对策[J]. 农村经济，11(7)：54-56.

张延青，冯亚鹏，刘鹰，2006. 用氧化还原电位法测定臭氧处理海水生成氧化物的研究[J]. 渔业现代化，3：12-14.

赵海超，王圣瑞，焦立新，等，2013. 洱海沉积物有机质及其组分空间分布特征[J]. 环境科学研究，26(3)：243-249.

郑爱榕，沈海维，李文权，等，2004. 沉积物中磷的存在形态及其生物可利用性研究[J]. 海洋学报，26(4)：49-57.

郑国侠，宋金明，孙云明，等，2006. 南海深海盆表层沉积物氮的地球化学特征与生态学功能[J]. 海洋学报，28(6)：44-52.

中国土壤学会，1999. 土壤农业化学分析方法[M]. 北京：中国农业科技出版社.

周家正，2010. 新农村建设环境污染治理技术与应用[M]. 北京：科学出版社.

周利华，杨国靖，张明军，等，2002. 农户经营行为与生态环境的研究[J]. 生态经济，9：27-31.

朱党生，王晓红，张建永，2015. 水生态系统保护与修复的方向和措施[J]. 中国水利，22：9-13.

朱元荣，张润宇，吴丰昌，等，2011. 滇池沉积物中氮的地球化学特征及其对水环境的影响[J]. 中国环境科学，31(6)：978-983.

Abler D G, Shortle J S. 1995. Technology as an agricultural pollution control policy [J]. American Journal of Agricultural Economics, 77(1): 20-32.

Boers P C M. 1996. Nutrient emissions from agriculture in the Netherlands, causes and remedies [J]. Water Science & Technology, 33(4): 183-189.

Butler D, Friedler E, Gatt K. 1995. Characterising the quantity and quality of domestic wastewater inflows [J]. Water Science & Technology, 31(7): 13-24.

Quevedo C M G D, Paganini W D S. 2016. Detergents as a source of phosphorus in sewage: the current situation in Brazil [J]. Water Air & Soil Pollution, 227(1): 1-12.

Orderud G I, Vogt R D. 2013. Trans-disciplinarity required in understanding, predicting and dealing with water eutrophication [J]. International Journal of Sustainable Development & World Ecology, 20(5): 404-415.

Herbert R A. 2010. Nitrogen cycling in coastal marine ecosystems [J]. Fems Microbiology Reviews, 23(5): 563-590.

Jin X, Wang S, Pang Y, et al. 2006. Phosphorus fractions and the effect of pH on the phosphorus release of the sediments from different trophic areas in Taihu Lake, China [J]. Environmental Pollution, 139(2): 288.

Juston J, Debusk T A. 2006. Phosphorus mass load and outflow concentration relationships in stormwater treatment areas for everglades restoration [J]. Ecological Engineering, 26(3): 206-223.

Kadokami K, Li X, Pan S, et al. 2013. Screening analysis of hundreds of sediment pollutants and evaluation of their effects on benthic organisms in Dokai Bay, Japan [J]. Chemosphere, 90(2): 721-728.

Liu Y, Evans M A, Scavia D. 2010. Gulf of mexico hypoxia: exploring increasing sensitivity to nitrogen loads [J]. Environmental Science & Technology, 44(15): 5836.

López-Archilla A I, Moreira D, López-García P, et al. 2004. Phytoplankton diversity and cyanobacterial dominance in a hypereutrophic shallow lake with biologically produced alkaline pH [J]. Extremophiles, 8(2): 109-115.

Leivuori M, Niemistö L. 1995. Sedimentation of trace metals in the Gulf of Bothnia [J]. Chemosphere, 31(8): 3839-3856.

Wang P F, Li Z, Chao W, et al. 2009. Nitrogen distribution and potential mobility in sediments of three typical shallow urban lakes in China [J]. Environmental Engineering Science, 26(10): 1511-1521.

Xia Y, Xu M. 2012. A 3E Model on energy consumption, environment pollution and economic growth —an empirical research based on panel data [J]. Energy Procedia, 16(Part C): 2011-2018.